連続繊維
繊維強化熱可塑性プラスチック
FRTPの成形法と特性

カーボン、ガラスから**ナチュラルファイバー**まで

邉 吾一 [編著]
Ben Goichi

日刊工業新聞社

まえがき

本書は一般社団法人強化プラスチック協会創立 60 周年の記念出版です．

　熱可塑性樹脂は加熱することで軟化，溶融し，冷却によって固化する樹脂であり，成形過程に化学反応を伴わないことから，熱硬化性樹脂と比較して扱いやすく，制御も容易です．種類も，結晶性，非晶性と豊富にあり，対応する耐熱温度も広範囲に広がっています．このような特徴を有する樹脂を母材とし，連続繊維で強化した連続繊維強化熱可塑性プラスチック（Continuous Fiber Reinforced Thermal Plastics, c-FRTP）系複合材料は，各種構造物の主構造部材としての使用するために必要な機械的特性を有し，かつ連続成形が可能であるため，広く普及する可能性を有する繊維強化系の複合材料と言えます．しかしながら，連続繊維束に溶融粘度の高い熱可塑性樹脂を含浸することが難しいという問題点を有していることから，車を中心とした量産品への適用には，短繊維を用いた FRTP にとどまっているのが現状です．

　日本において熱硬化性樹脂を用いた繊維強化プラスチック Fiber Reinforced Plastic, FRP）の研究活動は盛んであり，炭素繊維やガラス繊維，熱硬化性樹脂など扱った FRP の原材料としての研究，FRP の成形法の研究，FRP の機械的特性の評価とそれらの向上に関する研究，さらに FRP 構造物の解析と最適設計の研究などは大きな成果を達成し，FRP は工業的にも大きく利用されています．

　しかしながら，熱可塑性樹脂複合材料の成形技術に関しては諸外国に比べて遅れています．現在，ヨーロッパを中心に連続繊維強化熱可塑性樹脂の成形に関する研究が盛んに行われている中，日本でもそれらに関する研究を進めていくことが必要です．加えて熱可塑性樹脂が FRTP の母材となった場合，熱硬化性樹脂の FRP と比較して，一般的に樹脂の特性や繊維/樹脂界面の特性が低い，といった熱可塑性樹脂複合材料特有の問題点も今後解決していく必要があります．

まえがき

　熱硬化性樹脂を用いた繊維強化樹脂系の複合材料の書籍に関しては，FRPの原材料，成形法，各種特性，試験法，設計や応用法などを網羅したハンドブック的な本が数多く出版されており，さらに力学特性や設計法，成形法や試験法などの要点を絞って記述した教科書的な書籍も数多く出版されています．しかしながら，熱可塑性樹脂を用いたFRTPに関しては短繊維を用いた射出成型に関する書籍は多く出版されていますが，本書が主として記述をする連続繊維を強化材に用いた繊維強化熱可塑性プラスチックの書籍はほとんど見当たりません．

　本書では，強化材として連続繊維を用いて熱可塑性樹脂を強化したFRTPの成形法とその特性について，この分野で精力的に研究を行っている第一線の研究者達が初心者にも理解しやすいように平易に記述しています．特に熱可塑性樹脂の原料形態をベースにしてFRTPの成形法とその特性から説明をして，読者がFRTPの具体的なイメージ持つようには配慮しました．

　第1章のフィルム，スタンパブルシート用いた成形法は，強化繊維と熱可塑性樹脂のフィルム，あるいはスタンパブルシートを積層し，プレス装置でこの積層材を加熱・加圧することで，繊維に樹脂を含浸させる方法です．簡易的な方法で，繊維と樹脂の組み合わせにより多彩な材料が成形可能となります．その一方，高粘度の熱可塑性樹脂を使用した場合には，繊維への樹脂の含浸が難しくなります．

　第2章では熱可塑性樹脂のモノマーを用います．熱可塑性の樹脂は常温で粉末やペレット，あるいは加工によってフィルムの固体状態で，溶融温度以上の加熱によって液状化するが高粘度の状態が一般的です．ナイロン（PA6）のモノマーであるイプシロンカプロラクタムは融点よりも半分以下の温度で液状化し，低粘度状態です．これを用いて通常の熱硬化性樹脂を用いた場合と同様にVaRTM法でFRTPを成形します．

　第3章は，ペレットを押出機で溶融させ，それを溶融樹脂槽内に貯留し，その中に強化繊維を通して樹脂と含浸させた後に金型内で引き抜く成形法です．熱可塑性樹脂は熱硬化性樹脂と比較して粘度が高いため，溶融樹脂槽内に強化

繊維を通過させただけでは，樹脂を繊維に十分に含浸させることは難しく，そのため，この方法では一般的に引抜速度を下げる，溶融樹脂槽内に樹脂含浸ロールを設置するなどの工夫が必要となります．

第4章のコミングルヤーンは繊維化した熱可塑性樹脂を強化材の繊維に混ぜ合わせて混織したものを加熱成形の工程で溶融し，強化繊維に含浸させる方法です．繊維と樹脂が近くに配置されるため，含浸性は良いが，高価格になる傾向にあります．

第5章の混織ファブリックを用いた成形法では，織物，編物，組物の違いを明らかにし，これらのテキスタイル加工技術で作った樹脂と繊維の混織ファブリックを用いたスタンピング成形，引抜き成形，ハイブリッド成形など高速成形加工技術の適用を記述しています．

第6章のパウダー法は，熱可塑性樹脂の粉末を強化繊維に付着させた後に，熱可塑性樹脂を溶融させて強化繊維に含浸させる方法のことです．繊維への含浸が容易となるため，高品質な材料が成形できます．その一方，熱可塑性樹脂を粉末化させる工程が必要となるため，製造コストは高くなる傾向となります．

第7章ではFRTPやFRPの機械的特性向上のために最も重要な繊維と樹脂間の含浸理論について紹介しています．最後に第8章では，熱硬化性樹脂と熱可塑性樹脂の分類と特徴についてまとめて記述しています．

本書はハンドブックでなく個人が手元に置き，教科書的に使用する入門書です．本書がこれからFRTPの勉強を始める初心者やFRTPをまとめて理解したい研究者にとって有益な書物になれば，執筆者たちにとって望外の喜びです．末筆ながら，本書の出版のために大きな忍耐と努力をしていただいた日刊工業新聞社矢島俊克氏に深く感謝いたします．

平成27年3月

執筆者代表　邉　吾一

執筆者および執筆分担一覧

第1章　フィルム，スタンパブルシートを用いた成形法とその特性
　　　　　　　　　　　　　　　　　　　　　　　　（坂田憲泰，邉　吾一）
第2章　モノマーを用いた成形法とその特性　　　　（邉　吾一）
第3章　ペレットを用いた成形法とその特性　　　　（平林明子，邉　吾一）
第4章　コミングルヤーンを用いた成形法とその特性　（濱田泰以）
第5章　混織ファブリックを用いた成形法とその特性　（仲井朝美）
第6章　パウダーを用いた成形法とその特性　　　　（大谷章夫）
第7章　含浸理論　　　　　　　　　　　　　　　　（仲井朝美）
第8章　熱硬化性樹脂と熱可塑性樹脂　　　　　　　（久保内昌敏）

邉　吾一（べん　ごいち）
日本大学生産工学部教授
昭和49年東京大学大学院工学系研究科博士課程修了
工学博士

坂田憲泰（さかた　かずひろ）
日本大学生産工学部助教
平成17年日本大学大学院生産工学研究科修士課程修了
博士（工学）

平林明子（ひらばやし　あきこ）
日本大学生産工学部助教
平成17年日本大学大学院生産工学研究科博士課程修了
博士（工学）

久保内昌敏（くぼうち　まさとし）
東京工業大学大学院理工学研究科化学工学専攻教授
昭和61年東京工業大学大学院理工学研究科化学工学専攻修士課程修了
博士（工学）

濱田泰以（はまだ　ひろゆき）
京都工芸繊維大学大学院工芸科学研究科先端ファイブロ科学部門教授
昭和 60 年同志社大学大学院工学研究科機械工学専攻博士後期課程修了
工学博士

仲井朝美（なかい　あさみ）
岐阜大学工学部機械工学科教授
平成 11 年東京大学大学院工学系研究科先端学際工学専攻博士後期課程修了
博士（工学）

大谷章夫（おおたに　あきお）
岐阜大学複合材料研究センター特任准教授
平成 20 年京都工芸繊維大学大学院工芸科学研究科先端ファイブロ科学博士後期課程修了
博士（学術）

目　次

まえがき ……………………………………………………………… i

第1章　フィルム，スタンパブルシートを用いた成形法と特性

1.1　PA6をマトリックスとしたFRTP板 …………………… 5
　1.1.1　成形方法 ……………………………………………… 5
　1.1.2　化学的特性と機械的特性 …………………………… 8
　1.1.3　曲げ特性 ……………………………………………… 10

1.2　グリーンコンポジットを用いた板材と構造用部材 ……… 12
　1.2.1　グリーンコンポジットを用いた板材 ……………… 12
　1.2.2　グリーンコンポジットを用いた構造用部材 ……… 17

1.3　プレス成形の研究開発動向 ………………………………… 23
　1.3.1　サステナブルハイパーコンポジット技術の開発 … 23
　1.3.2　名古屋大学ナショナルコンポジットセンター …… 24

第2章　モノマーを用いた成形法とその特性

2.1　成形法 …………………………………………………………… 30
　2.1.1　マトリックス ………………………………………… 30
　2.1.2　強化材 ………………………………………………… 32
　2.1.3　成形方法 ……………………………………………… 32
　2.1.4　ハイブリッドHFRPの成形法 ……………………… 35

2.2 I-GFRTP と I-CFRTP の特性評価 ……………………… 36
2.2.1 走査型電子顕微鏡（SEM）観察 …………………… 36
2.2.2 融解熱および結晶化度の測定 ………………………… 38
2.2.3 未反応モノマー残存率および吸水率の測定 ……………… 41

2.3 3点曲げ試験 ……………………………………………… 44
2.3.1 I-PA6 と I-GFRTP ………………………………………… 45
2.3.2 I-CFRTP ………………………………………………… 46

2.4 アイゾット衝撃試験 …………………………………… 49
2.4.1 I-PA6 と I-GFRTP ………………………………………… 50
2.4.2 I-CFRTP ………………………………………………… 51

2.5 ハイブリッド繊維強化熱可塑性プラスチック ………… 52
2.6 HFRP の特性と I-HFRTP との比較 …………………… 55

第 3 章 ペレットを用いた成形法とその特性

3.1 引抜成形法 ………………………………………………… 63
3.2 押出成形概要 ……………………………………………… 64
3.3 クロスヘッドダイによる一方向強化材の成形 ………… 66
3.3.1 一方向開繊カーボン繊維を強化材とする FRTP の成形 ……… 67
3.3.2 天然繊維を強化材とする一方向強化 FRTP の成形 ………… 69

3.4 ガラスマット強化熱可塑性樹脂成形法の応用 ………… 71
3.4.1 成形概要 ………………………………………………… 71
3.4.2 天然繊維織物を強化材とするグリーンコンポジットの成形 …… 72

3.4.3 ガラス連続繊維強化フェノール複合材料の成形 ･････････････････ 79

3.5 押出ラミネート法の応用 ･･ 86

第 4 章　コミングルヤーンを用いた成形法とその特性

4.1 曲げ強度に及ぼす混繊効果 ･･ 93
4.1.1 材　料 ･･ 94
4.1.2 混繊状態の定量化 ･･ 94
4.1.3 力学的特性に及ぼす成形条件の影響 ････････････････････････ 98

4.2 繊維軸方向曲げ特性と含浸挙動 ･･････････････････････････････････ 105
4.2.1 実験方法 ･･ 105
4.2.2 実験結果 ･･ 106
4.2.3 考　察 ･･ 109

第 5 章　混織ファブリックを用いた成形法とその特性

5.1 繊維状中間材料 ･･･ 116
5.2 プレス成形を用いた高速成形加工技術 ････････････････････････････ 122
5.3 引抜成形を用いた連続成形加工技術 ･･････････････････････････････ 124
5.3.1 システムの構成 ･･･ 125
5.3.2 含浸機構 ･･ 127
5.3.3 引抜成形条件 ･･ 129

5.4 組物強化熱可塑性樹脂複合材料の引抜成形装置 ･･････････････････ 129
5.5 連続繊維と長繊維樹脂射出成形のハイブリッド成形 ･･････････････ 132

第 6 章　熱可塑性樹脂パウダーを用いた成形法とその特性

- 6.1　PIF の概要 ………………………………………………………………… 139
- 6.2　PIF の製造原理 …………………………………………………………… 141
  - 6.2.1　これまでの歴史 ……………………………………………………… 141
  - 6.2.2　最新の原理 …………………………………………………………… 143
  - 6.2.3　樹脂の電気的特性 …………………………………………………… 144
  - 6.2.4　粒子径 ………………………………………………………………… 145
  - 6.2.5　粒子に作用する力 …………………………………………………… 147
  - 6.2.6　付着量の制御 ………………………………………………………… 149
  - 6.2.7　その他 ………………………………………………………………… 149

- 6.3　PIF の成形 ………………………………………………………………… 150
  - 6.3.1　材　料 ………………………………………………………………… 150
  - 6.3.2　PIF の概要 …………………………………………………………… 151
  - 6.3.3　熱可塑性樹脂織物複合材料作製方法 ……………………………… 151

- 6.4　含浸特性評価 ……………………………………………………………… 156
- 6.5　力学的特性評価 …………………………………………………………… 162
  - 6.5.1　静的引張試験方法 …………………………………………………… 162
  - 6.5.2　成形温度が力学的特性に及ぼす影響 ……………………………… 162
  - 6.5.3　保持時間が力学的特性に及ぼす影響 ……………………………… 163
  - 6.5.4　成形圧力が含浸特性に及ぼす影響 ………………………………… 164

第 7 章　含浸理論

- 7.1　一方向単層板における繊維配列 ………………………………………… 172

7.2 ダルシー則 *174*
7.3 コゼニー‐カルマン（Kozeny-Carman）の式 *175*
7.4 繊維集合体への応用 *177*
7.5 グトブスキ（Gutowski）モデル *180*
7.6 含浸時間の予測手法 *182*

第 8 章 熱可塑性樹脂と熱硬化性樹脂

8.1 高分子材料とは *191*
8.1.1 高分子材料 *191*
8.1.2 モノマーとポリマー *192*

8.2 連鎖重合ポリマー *193*
8.2.1 ラジカルビニル重合 *193*
8.2.2 カチオン/アニオン重合 *194*
8.2.3 Ziegler-Natta 触媒による立体制御 *195*

8.3 逐次重合ポリマー *197*
8.3.1 逐次成長と縮合重合 *197*

8.4 ポリマーの構造と物理的性質 *198*
8.4.1 熱硬化性樹脂と熱可塑性樹脂 *198*
8.4.2 結晶性 *200*
8.4.3 共重合体 *201*

8.5 熱可塑性樹脂 *201*
8.5.1 汎用樹脂/オレフィン系樹脂 *202*

8.5.2　エンジニアリングプラスチック ……………………… 202
　　8.5.3　FRTP 用樹脂 ……………………………………………… 204

8.6　熱硬化性樹脂 ………………………………………………… 205
　　8.6.1　スチレン架橋樹脂 ………………………………………… 206
　　8.6.2　エポキシ樹脂 ……………………………………………… 209
　　8.6.3　フェノール樹脂 …………………………………………… 215

索　引 ……………………………………………………………… 219

第1章

フィルム，スタンパブルシートを用いた成形法と特性

本章では，材料に炭素繊維などの強化材と母材に熱可塑性樹脂製フィルムを用い，あるいは熱可塑性プリプレグやスタンパブルシートを使い，プレス装置を用いて金型内で加熱・加圧して樹脂を溶融させて繊維強化熱可塑性プラスチック（FRTP）の板材や構造用部材を成形する方法とその特性について述べる．
　プレス成形の一種ではあるが，ヒーターなどで加熱する工程と，プレス装置で加圧・冷却する工程が分かれている成形方法のことをスタンピング成形と呼ぶ[1]．図 1.1 は FRTP の成形に使用している 500 トンのプレス装置で，図 1.2 は強化繊維に炭素繊維，マトリックスにポリアミド樹脂（PA）を用いて成形されたスタンパブルシート（板厚：2.0 mm，繊維体積含有率 V_f：42.3 %）である．最初に開発されたスタンパブルシートでは，強化繊維にガラスマットを使っていたため，スタンパブルシートのことを GMT（Glass Mat reinforced Thermoplastic sheet）ということもある．スタンパブルシートの実用化は，1968 年にアメリカのユニオンカーバイト社と PPG 社が AZDEL を共同開発したのが始まりで，当時の AZDEL に使用されていた樹脂はポリプロピレン，

図 1.1　500 トンプレス装置（丸八(株)提供）

図1.2 スタンパブルシート (丸八(株)提供)

SAN (スチレン-アクリロニトリル共重合体), 塩化ビニル樹脂 (PVC) などであった[2]. 一般的なスタンピング成形の工程を以下に示す.

(1) 成形品の形状に合わせてスタンパブルシートを所定の寸法に裁断する.
(2) 裁断後のスタンパブルシートをヒーターなどの加熱装置を使い, マトリックス樹脂の融点以上の温度まで加熱する.
(3) 加熱装置から取り出したスタンパブルシートを温度が下がらないうちにプレス装置内の金型へ移動させ, 加圧する.
(4) 所定時間保持し, 成形品が冷却された後, 金型から取り出す.

このようにスタンピング成形では加熱工程と成形・冷却工程が分かれているため, プレス装置の専有時間が短く, プレス機で加圧している正味成形時間は通常30秒程度で, トータルの成形サイクルは1分以内となっているため, 大量生産に適した成形方法であると言われている[3]. さらに, 熱可塑性樹脂は熱

硬化性樹脂と比較して，リサイクル性に優れているため，近年ではプレス装置を用いたFRTPの研究開発が盛んになっている．

本章では，ポリアミド6（PA6）のフィルムを用いた炭素繊維強化熱可塑性プラスチック（CFRTP）板とガラス繊維強化熱可塑性プラスチック（GFRTP）板，さらに天然繊維と生分解樹脂フィルムを用いて成形したグリーンコンポジット製の板材と構造用部材の成形方法とそれらの特性ついて紹介する．そして，最後に近年のプレス成形の研究開発動向について簡単に紹介する．

1.1 PA6をマトリックスとしたFRTP板[4]~[7]

1.1.1 成形方法[4], [5]

PA6をマトリックスとしたCFRTP板とGFRTP板のプレス成形では，強化繊維に炭素繊維織物（日東紡績㈱製 CF3302，縦密度：12.5本/25 mm，横密度：12.5本/25 mm，目付け質量：198 g/m^2，厚さ：0.220 mmの綾織クロス）とガラス繊維織物（日東紡績㈱製 WEA22F-BX，縦密度：20本/25 mm，横密度：20本/25 mm，目付け質量：215 g/m^2，厚さ：0.210 mmの平織クロス）をそれぞれ用いた．マトリックスには，射出成形用のPA6のペレット（宇部興産㈱製 UBEナイロン1015B）を原料とし，インフレーション法で成形した厚さ0.1 mmのフィルム材を使用した．CFRTP板の成形では炭素繊維織物を13枚，GFRTP板の成形ではガラス繊維織物が薄いため15枚使用し，これらの強化繊維とフィルム材を交互にプレス装置内の金型上に積層した．なお，成形後の板厚が3 mmとなるように，金型上には厚さ3 mmのスペーサーを設置した（図1.3）．

第1章 フィルム,スタンパブルシートを用いた成形法と特性

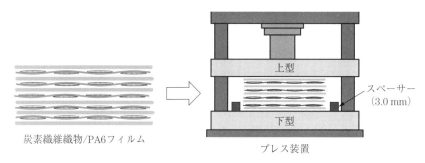

図1.3 PA6をマトリックスとしたCFRTP板のプレス成形

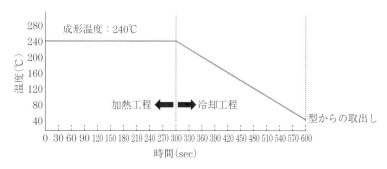

図1.4 プレス成形における成形温度と時間の関係

プレス成形の開始から,成形品を冷却・脱型するまでの時間と熱板温度の関係を図1.4に示す.プレス装置の熱板の温度はPA6の融点以上の240℃に設定し,ゲージ圧力1 MPaで5分間加熱・加圧した.その後,成形品のそりやねじれを防ぐために,PA6のガラス転移温度(50℃)より低い温度(30℃)になるまで圧力を負荷した状態で,5分間冷却した(冷却速度:42℃/min).

成形後のCFRTP板,GFRTP板の断面を走査型電子顕微鏡(SEM)で観察した結果を図1.5および図1.6に示すが,樹脂が均一に強化材の繊維束内に含浸していることが分かる.成形品の外観も良好で,ボイドやひけなどは観察されず,板厚は共に3.0 mmであった.JISの燃焼法で求めたCFRTP板とGFRTP板のV_fは49%と42%であった.

1.1 PA6をマトリックスとしたFRTP板

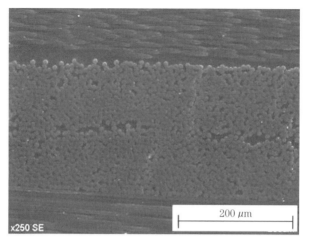

図1.5 CFRTP板の断面

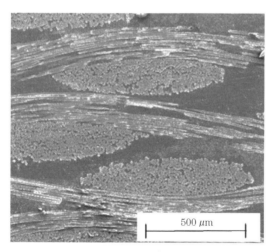

図1.6 GFRTP板の断面

1.1.2 化学的特性と機械的特性

(1) 結晶化度

　CFRTP 板と GFRTP 板の賦形直後の結晶化度を測定するために，両者の試験片の樹脂部分をアルミパンに 10 mg 精秤し，示差走査熱量計 (DSC) を使用して，窒素流量 40 ml/min の雰囲気下で結晶の融解熱を測定した．室温から 250 ℃まで 20 ℃/min で昇温することにより，成形直後の結晶の融解熱を測定した (1st heating)．その後，一旦 30 ℃まで冷却速度 50 ℃/min で降温し，再度，250 ℃まで 20 ℃/min で昇温した (2nd heating)．この過程で，再溶融後の冷却過程で形成される結晶の融解熱が測定される．この 1st heating および 2nd heating で測定された結晶の融解熱を用いて，成形直後の結晶化度 (1st heating DC) と再溶融後に冷却過程で形成された結晶の結晶化度 (2nd heating DC) を式 (1.1) により算出した．

$$DC = (\Delta H_m / \Delta H_m^{100\%}) \times 100 \ (\%) \tag{1.1}$$

　ここで，ΔH_m には測定された結晶の融解熱，$\Delta H_m^{100\%}$ は結晶化度 100 % のポリマーの融解熱の理論値であり，Dole ら[8]によって報告されている PA6 の融解熱 188 J/g を用いた．

　CFRTP 板と GFRTP 板の測定結果を**表 1.1** に示す．CFRTP 板の 1st heating と 2nd heating の結晶化度は両者共 24.0 %，GFRTP 板の 1st heating

表 1.1　CFRTP 板と GFRTP 板の結晶化度

試験片ナンバー	CFRTP 板		GFRTP 板	
	1st heating (%)	2nd heating (%)	1st heating (%)	2nd heating (%)
1	24	23	24	22
2	23	24	23	22
3	25	25	23	23
平均値	24.0	24.0	23.3	22.3

と 2nd heating の結晶化度は 23.3 % と 22.3 % となり，1st heating と 2nd heating で差が見られない．これは，CFRTP 板と GFRTP 板では成形時にマトリックス樹脂は既に高分子になっており，分子の動きやすさは変わらないため，結晶の成長速度が変化しなかったことが原因と考えられる．

(2) 未反応モノマー残存率と吸水率

CFRTP 板と GFRTP 板中に含まれる未反応モノマーの残存率の測定を下記の方法で行った．また，PA6 は吸湿しやすい性質を有するポリマーのため，吸水率についても測定を行った．

① 成形直後の厚さ 3 mm の板から 10×60 mm の矩形に試験片を切り出し，60 ℃で 24 時間減圧乾燥した後，精秤し，初期重量 M_0 を計測．
② 80 ℃の温水に 72 時間浸漬した後，試験片の重量 M_2（吸水後重量）を計測．
③ 再度，60 ℃で 72 時間真空乾燥し，試験片の重量 M_1（抽出後重量）を測定．

これらの値を用いて，式(1.2)から未反応モノマー残存率 Mu を，式(1.3)から吸水率 Ma を求めた．

$$Mu = \frac{M_0 - M_1}{M_0} \times 100 \ (\%) \tag{1.2}$$

$$Ma = \frac{M_2 - M_1}{M_2} \times 100 \ (\%) \tag{1.3}$$

CFRTP 板と GFRTP 板の未反応モノマー残存率の測定結果を**表 1.2** に，吸水率の測定結果を**表 1.3** に示す．CFRTP と GFRTP の未反応モノマー残存率は 0.2 % と 0.4 % と低く，吸水率についても CFRTP で 2.1 %，GFRTP で 3.3 % となっている．

表1.2　CFRTP板とGFRTP板の未反応モノマー残存率

試験片ナンバー	CFRTP板（%）	GFRTP板（%）
1	0.2	0.4
2	0.3	0.3
3	0.2	0.5
平均値	0.2	0.4

表1.3　CFRTP板とGFRTP板の吸水率

試験片ナンバー	CFRTP板（%）	GFRTP板（%）
1	2.1	3.0
2	1.9	3.6
3	2.2	3.4
平均値	2.1	3.3

1.1.3　曲げ特性

　CFRTP板とGFRTP板の弾性率と強度を評価するため，JIS K 7017に準じた3点曲げ試験を行った．試験速度は3 mm/minで，試験片のサイズは，厚さ3 mm，幅15 mm，長さ100 mmで，支点間距離は80 mmとした．

　CFRTP板とGFRTP板の曲げ弾性率と強度の結果を表1.4および表1.5に示す．CFRTP板の曲げ弾性率は43.6 GPa，曲げ強度は781 MPaで，GFRTP板の曲げ弾性率は15.2 GPa，曲げ強度は437 MPaであった．曲げ試験後の試験片破断面のSEM観察写真を図1.7および図1.8に示すが，繊維の表面に樹脂が多く付着しており，繊維と樹脂の接着性が良好なことが分かる．

1.1 PA6をマトリックスとしたFRTP板

表1.4 CFRTP板の曲げ弾性率と強度

試験片ナンバー	曲げ弾性率（GPa）	曲げ強度（MPa）
1	43	755
2	44	795
3	43	789
4	44	783
5	44	781
平均値	43.6	781

表1.5 GFRTP板の曲げ弾性率と強度

試験片ナンバー	曲げ弾性率（GPa）	曲げ強度（MPa）
1	15.2	440
2	15.1	443
3	15.3	449
4	15.1	432
5	15.1	422
平均値	15.2	437

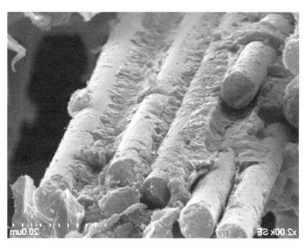

図1.7 曲げ試験後の試験片破断面観察結果（CFRTP板）

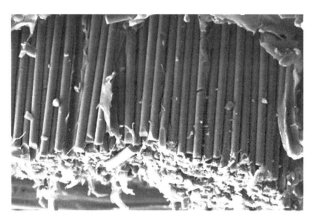

図1.8　曲げ試験後の試験片破断面観察結果（GFRTP板）

1.2 グリーンコンポジットを用いた板材と構造用部材

1.2.1 グリーンコンポジットを用いた板材[9),10)]

(1) 成形方法

　グリーンコンポジットは土壌で分解する植物由来の生分解性樹脂と強化材として天然繊維を複合化させた環境負荷低減型複合材料である．ここでは，強化繊維にケナフ繊維の織物（図1.9）と織物から横方向の繊維を取り除いた一方向材（図1.10），マトリックスにポリ乳酸（PLA）のフィルム（0.25 mm/枚，図1.11）を用いた板材の成形方法について紹介する．

　成形する板材はクロスプライ積層板と一方向板の2種類とした．クロスプライ積層板の成形では，4枚のケナフ繊維織物の間と上下面にPLAフィルムを5枚積層した（図1.12）．一方向板の成形では，2枚の一方向材を一組みとし，

1.2 グリーンコンポジットを用いた板材と構造用部材

図 1.9 ケナフ繊維織物

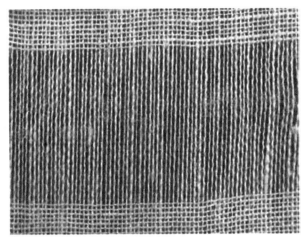

図 1.10 ケナフ繊維の一方向材

第1章　フィルム，スタンパブルシートを用いた成形法と特性

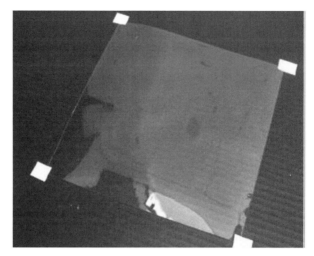

図1.11　PLAフィルム

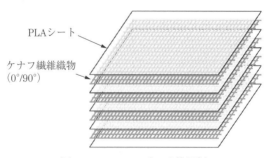

図1.12　クロスプライ積層板

これらを5枚のPLAフィルムの間に挿入した（図1.13）．成形装置には図1.14のホットプレス機を使用し，成形条件を表1.6に示す．成形後の板材の寸法は$300 \times 300 \times 2$ mmでV_fは38％となっている．

(2)　引張特性

成形した板材の引張特性を評価するために，JIS K 7113に準じた引張試験を

1.2 グリーンコンポジットを用いた板材と構造用部材

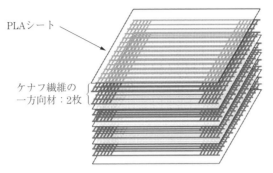

図 1.13 一方向板

図 1.14 ホットプレス機

行った．試験片は精密切断機で 250×25×2 mm の短冊状に切断し，両端部にはタブを接着した．

引張試験の結果を表 1.7 に示す．クロスプライ積層板と一方向板の弾性率と

表 1.6 成形条件

成形工程	予圧	⇒	溶融	⇒	含浸	⇒	冷却
温度（℃）			185				−5（℃/min）
圧力（MPa）	10		1		10		1
時間（sec）	10		1200		10		

表 1.7 引張試験結果

	V_f（%）	引張弾性率（GPa）	引張強度（MPa）
PLA 樹脂	—	3.4	54.9
クロスプライ積層板	38	4.2	66.5
一方向板	38	11.8	112.3
一方向板（溶融引抜成形品）	30	13.5	152.4

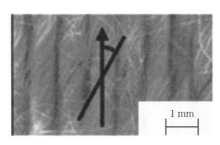

(a) 表面部　　　　　　　　(b) 断面部

図 1.15　プレス成形品の観察結果

引張強度は PLA 樹脂単体と比較して高くなっており，一方向板の弾性率においては PLA 樹脂単体の場合と比較して約 3.5 倍，引張強度においては約 2 倍の値を示している．また，表 1.7 にはペレットを溶融して織物に含浸させ，それを引抜法で成形した一方向材の結果についても併記したが，溶融引抜成形法品の方がプレス成形品より V_f は低いが，弾性率と引張強度は高い結果となっている．両成形品の表面と試験片断面を光学式顕微鏡で観察した結果を，図 1.15 および図 1.16 に示すが，プレス成形では張力が掛かっていない状態

 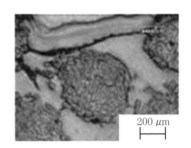

(a) 表面部　　　　　　　　　(b) 断面部

図 1.16　溶融引抜成形品の観察結果

で成形するため，成形時に繊維のよりを緩めてしまい，繊維方向が引張方向から傾いていることが観察できる．一方，溶融引抜成形品の繊維直径はプレス成形品より小さくなっており，張力を掛けた状態で成形できたことが分かる．そのため，溶融引抜成形品では繊維方向と引張方向のずれがプレス成形品より小さくなり，弾性率と引張強度が高くなったと考えられる．

1.2.2　グリーンコンポジットを用いた構造用部材

(1)　成形方法

　グリーンコンポジットを用いた構造用部材の成形には，ケナフ繊維織物とポリブチレンサクシネート（PBS）のフィルム（厚さ：0.08 mm）から成形した板材を使用した．なお，PBS のフィルムを用いた場合の板材の成形手順は，表 1.6 の PLA のフィルムを用いた場合と同じで，溶融温度のみ異なり 140 ℃（PBS 樹脂の融点：114 ℃）となっている．

　初めに，プレス成形で幅：100 mm，長さ：300 mm，厚さ 4 mm あるいは 6 mm の板材（図 1.17）を成形し，チャンネル材やアングル材を成形する場合には，図 1.18 に示す金属製のチャンネル材を雄型と雌型用に 2 個準備する．次に，板材を厚さ 0.25 mm の離型フィルムに挟んだ状態で，120 ℃以上の温度

第 1 章　フィルム，スタンパブルシートを用いた成形法と特性

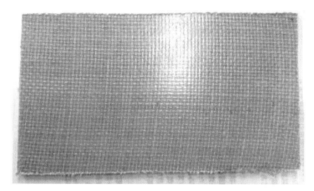

図 1.17　グリーンコンポジット製の板材（厚さ：6 mm）

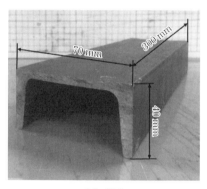
（a）雄型

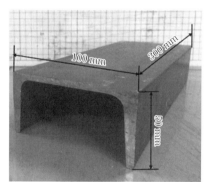
（b）雌型

図 1.18　グリーンコンポジット製のチャンネル材とアングル材の成形用型

に加熱し，溶融後，素早くプレス装置の上に設置した雄型と雌型の間に入れる．成形条件は圧力：1.5 MPa で，保持時間（30 秒）経過後，直ちに型から硬化した成形品を取り外し，成形完了となる．成形したグリーンコンポジット製のチャンネル材とアングル材を図 1.19 に示すが，外観上，繊維のよれやしわは観察されず，きれいな表面を示している．また，加熱後の板材を図 1.20 のように手動で金属製の円筒に巻き付けることで，グリーンコンポジット製の半円筒

1.2 グリーンコンポジットを用いた板材と構造用部材

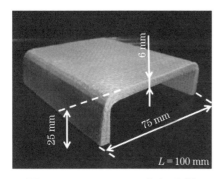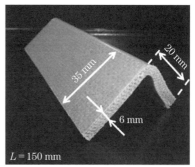

図 1.19 グリーンコンポジット製のチャンネル材（左）とアングル材（右）

図 1.20 グリーンコンポジット製の半円筒殻の成形

殻（図 1.21）の成形も可能となる．このように，成形型さえ準備すれば，様々なグリーンコンポジット製の構造用部材が容易に成形可能となる．

(2) 加熱温度と寸法精度の関係

 グリーンコンポジット製の板材を加熱する温度が，成形品の寸法精度に与え

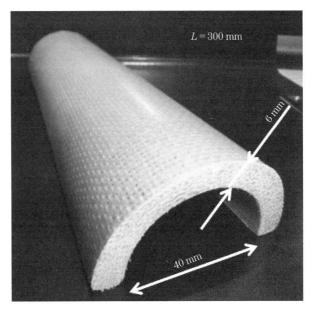

図 1.21　グリーンコンポジット製の半円筒殻

る影響を調査するために，**図 1.22** の金属製の雄型と雌型から，小型なグリーンコンポジット製のチャンネル材（**図 1.23**）を成形し，評価を行った．板材を加熱する温度は 120, 130, 140, 150, 160 ℃の 5 通りとし，成形圧力（1.5 MPa）と保持時間（30 秒）は固定した．

各加熱温度 5 本の成形品について，図 1.23 の①〜⑤の 5 カ所の板厚を計測した結果を**表 1.8** に示す．なお，表中の括弧内は変動係数を示している．表 1.8 より，成形時に圧力が負荷される部位③が全ての加熱温度において，板厚が最小となった．加熱温度が上昇するに伴い，板厚の平均値は向上しているが，これは樹脂の粘度が低くなったことで，金型に押し込む際の抵抗が減ったためと考えられる．しかし，いずれの加熱温度においても変動係数は小さく，4 % 以下となった．

1.2 グリーンコンポジットを用いた板材と構造用部材

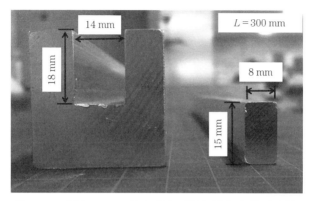

図1.22 小型アングル材成形用の雌型（左）と雄型（右）

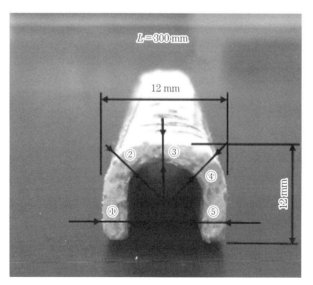

図1.23 小型アングル材

第 1 章　フィルム，スタンパブルシートを用いた成形法と特性

表 1.8　加熱温度と板厚の関係（単位：mm）

試験片ナンバー	加熱温度（℃）				
	120	130	140	150	160
1	2.34 (0.04)	2.21 (0.02)	2.34 (0.02)	2.51 (0.03)	2.40 (0.03)
2	2.14 (0.02)	2.07 (0.03)	2.20 (0.03)	2.29 (0.03)	2.34 (0.03)
3	2.04 (0.02)	2.01 (0.03)	1.96 (0.03)	2.13 (0.03)	2.32 (0.04)
4	2.14 (0.02)	2.22 (0.03)	2.22 (0.02)	2.29 (0.03)	2.35 (0.03)
5	2.19 (0.04)	2.24 (0.03)	2.26 (0.03)	2.38 (0.02)	2.36 (0.02)
平均値	2.17	2.21	2.20	2.32	2.35

(3)　曲げ特性

　加熱温度が成形品の機械的特性に与える影響を調査するために 3 点曲げ実験を行った．供試体は各 5 本用意し，試験速度は 2 mm/min で，試験片の向きはチャンネル材の開口部を上向きとした．図 1.24 に各供試体の曲げ強度の平均値と標準偏差を示すが，曲げ強度は供試体を完全なチャンネル材と仮定して計算を行っている．加熱温度の上昇に伴い曲げ強度は増加しており，最大となった加熱温度 160 ℃ の供試体の曲げ強度の平均値は 24.5 MPa となったが，供試体は図 1.25 に示すように試験片全体での破壊には至らなかったため，この値は材料試験での曲げ強度（60 MPa）の 40 % 程度となっている．

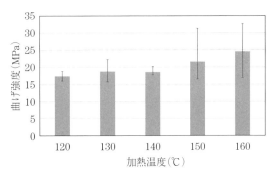

図 1.24　曲げ強度と加熱温度の関係

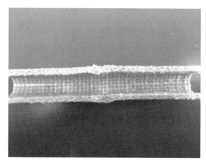 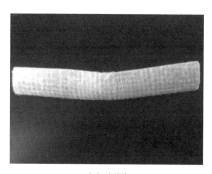

(a) 上面　　　　　　　　　　　(b) 側面

図1.25　試験後の供試体

1.3 プレス成形の研究開発動向

1.3.1 サステナブルハイパーコンポジット技術の開発[11)～13)]

　独立行政法人新エネルギー・産業技術総合開発機構（NEDO）からの委託業務である「サステナブルハイパーコンポジット技術の開発」では，強化繊維に炭素繊維マット，マトリックスにポリプロピレン樹脂を用いたスタンパブルシートの開発を行った．このスタンパブルシートの開発では，高い強度利用率発現のため以下に示す4項目の要素技術を実施している．

① 繊維の等方・均一分散技術
② 炭素繊維/ポリプロピレン界面接着技術
③ 強度解析技術
④ 高速含浸技術

開発したスタンパブルシートの力学特性を他の材料と比較したものを**表1.9**

表 1.9 開発されたスタンパブルシートと他材との比較[11]

	曲げ弾性率 E (GPa)	曲げ強度 F (MPa)	密度 ρ(g/ml)	比曲げ弾性率 ($\sqrt[3]{E/\rho}$)	比曲げ強度 ($\sqrt{F/\rho}$)
GMT	7	145	1.2	1.5（×2.1）	9.7（×3.7）
連続繊維 CFRP（エポキシ，V_f 50 %)	50	700	1.5	2.5（×3.3）	18（×6.7）
CFRTP スタンパブルシート					
V_f 20 %	14.5	300	1.1	2.3（×3.0）	16（×6.2）
V_f 26 %	18.4	421	1.1	2.4（×3.2）	17（×6.6）

に示すが，V_f は 20〜26 % と低く，連続繊維 CFRP（V_f 50 %）と比較して，曲げ弾性率と曲げ強度は小さくなっている．その一方，密度も低くなっているため，比曲げ弾性率と比曲げ強度は連続繊維 CFRP に匹敵する値となっている．また，本プロジェクトでは，ダブルベルトプレスを用いることで，開発したスタンパブルシートを連続的に成形することに成功している．

1.3.2 名古屋大学ナショナルコンポジットセンター[14]

名古屋大学ナショナルコンポジットセンター（NCC）では，経済産業省からの直接資金拠出を基盤として，「熱可塑性 CFRP の開発および構造設計・加工技術開発」を平成 25 年度から東京大学とともにスタートさせ，自動車構造用 CFRTP 技術の開発に取り組んでいる．

複合材料では，繊維長と力学特性には密接な関係がある．J.L.Thomason[15] が強化繊維にガラス繊維，マトリックスにポリプロピレン樹脂を用いて，繊維長さと弾性率と静的強度，動的強度の関係について調査した結果によれば，衝突時の乗員保護のために重要となる衝撃強度を確保するためには，成形品中の繊維長は相当長くする必要がある．そのため，名古屋大学 NCC では，射出成形で用いる短繊維より長い繊維を用いて，熱可塑性樹脂と混練してプレス成形す

1.3 プレス成形の研究開発動向

るLFT-D（Long Fiber Thermoplastic-Direct）のプレス成形技術の開発に取り組んでいる．材料となるLFT-D押出し材は，押出機で熱可塑性樹脂と添加剤を混合し，溶融・混練した材料と炭素繊維ロービングから供給した繊維を同じスクリュー内に入れ，繊維切断と混練を得てプレス成形される．本プロジェクトでは，LFT-D成形の克服すべきポイントを以下の5項目とし，研究開発を実施している．

① 樹脂の耐酸化性向上
② 繊維長を確保する技術
③ LFT-D混練体の良好な流動性の保持方法
④ LFT-D混練体の高速供給，位置決めのためのマテリアルハンドリングの技術開発
⑤ LFT-D混練体の成形からプレス成形までの時間の短縮

参考文献

1) 澤岡竜治：CFRTPの製法と成形，CFRP/CFRTPの加工技術と性能評価―量産を実現する最新技術―，サイエンス&テクノロジー，2012, 3-18
2) 瀬川浄一郎：スタンパブル強化熱可塑性樹脂シート（2），プラスチックスエージ，Apr., 1989, 191
3) 福田博，邉吾一，末益博志：新版複合材料・技術総覧，産業技術サービスセンター，2011, 349-357
4) G.Ben, A. Hirabayashi, K.Sakata, K. Nakamura and N. Hirayama：Evaluation of new GFRTP and CFRTP using epsilon caprolactam as matrix fabricated with VaRTM, Science and Engineering of Composite Materials, DOI: 10.1515/secm-2014-0013
5) 邉吾一，大関輝，中村幸一，平山紀夫，生井沢正樹，小林正俊，東弘英：カーボン織物と現場重合熱可塑樹脂を用いたCFRTPの機械的特性と成形条件，日本複合材料学会誌，39, 4 (2013), 127-134
6) 中村幸一，邉吾一，平山紀夫，西田裕文：現場重合型ポリアミド6をマトリックスとしたGFRTPの機械的特性に及ぼす成形条件の影響，日本複合材料学会誌，37, 5, 2011, 182-189

7) 中村幸一, 平山紀夫, 西田裕文：現場重合型ポリアミド樹脂をマトリックスとする CFRTP の機械的特性に及ぼす表面処理の影響, 強化プラスチックス, 55, 2, 2009, 45-48
8) M. Dole and B. Wunderlich：Melting points and heats of fusion of polymers and copolymers, Macromolecular chemistry and physics, 34, 1959, 29-49
9) 邉吾一, 松田匠, 上野雄太：引抜成形法によるケナフ繊維グリーンコンポジットの開発と機械的特性, 日本複合材料学会誌, 36, 2 (2010), 41-47
10) G. Ben, Y. Kihara, K. Nakamori and Y. Aoki：Examination of heat resistant tensile properties and molding conditions of green composites composed of kenaf fibers and PLA resin, Advanced composite materials, 16, 4, 2007, 361-376
11) 平野哲之, 土谷敦岐, 橋本雅弘, 本間雅登, 岡部朋永：熱可塑性スタンパブルシートの研究開発, 日本複合材料学会誌, 40, 2, 2014, 81-86
12) 橋本雅弘, 岡部朋永, 西川雅章：単糸分散炭素繊維による熱可塑性プレス基材の開発とその力学特性評価, 日本複合材料学会誌, 37, 4, 2011, 138-146
13) 岡部朋永, 茂谷尊, 西川雅章, 橋本雅弘：繊維強化プラスチックの破壊モード特性に関するマイクロメカニクス, 日本複合材料学会誌, 35, 6, 2009, 256-265
14) 石川隆司：炭素繊維強化プラスチック (CFRP) の次世代自動車への適用の展望, 自動車技術, Vol.68, 11, 2014, 4-11
15) J. L. Thomason：The influence of fiber length and concentration on the properties of glass fibre reinforced polypropylene：5. Injection moulded long and short fibre PP, Composite: Part A, 33, 2002, 1641-1652

第2章

モノマーを用いた成形法とその特性

熱可塑性樹脂を用いて長繊維で高い繊維体積含有率を有する繊維強化熱可塑性プラスチック（Fiber Reinforced Thermal Plastics, FRTP）を成形する方法として，モノマーを使用し，成形の現場で重合してポリマーに変化させ，強化繊維と含浸させる方法がある．現場で重合可能なモノマーとしてイプシロンカプロラクタム（ε-カプロラクタム）があるが，このε-カプロラクタムに促進剤と触媒を添加すると開環重合化と結晶化が同時に起こり，モノマーの状態からポリマーの状態に変化し，ポリアミド（PA）6の樹脂となる．モノマー状態では粘度がかなり低く，PA6の溶融温度よりも低い温度で重合化と結晶化が起きるため，含浸のための高圧力や高い温度を必要としない．

　著者らはこのε-カプロラクタムとガラス繊維織物を用いてVaRTM法（Vacuum Assist Resin Transforming Molding）でGFRTPを成形し，成形温度などがGFRTPの特性に与える影響[1]～[3]を検討した．ε-カプロラクタムの粘度が低いため，成形したGFRTP板にボイドや未含浸部分もなく，成形時間は1～2分程度と高速成形が実現できたばかりでなく，冷却過程も必要ないことを示した．さらに，炭素繊維の綾織のファブリックを用いて同じくVaRTM法でCFRTPを成形し，このCFRTPの機械的特性がPA6のフィルムと同じ綾織のファブリックを用いてスタンピング法で成形したCFRTPと同じ特性を示すが，成形時間が短く，成形時のエネルギー消費が少ないことを報告[4]～[6]した．

　さらに，同じ成形装置のVaRTM法を用いて，強化材としてはガラス繊維と炭素繊維のハイブリッド織物を用い，マトリックスとして現場重合のε-カプロラクタムを用いたハイブリッド繊維強化熱可塑プラスチック（HFRTP）を成形[7]した．本章では，VaRTM法を用いて現場重合のε-カプロラクタムだけで成形した樹脂板，GFRTP，CFRTPおよびHFRTPの成形手法とその特性を説明する．また，HFRTPとCFRTPとの結果と比較して，ハイブリッド化のメリットとデメリットを明らかにする．さらに，同じハイブリッド繊維を強化材に用いて速硬化型エポキシ樹脂をマトリックスとして，同じVaRTM

第2章 モノマーを用いた成形法とその特性

装置で成形したハイブリッド繊維強化熱硬化性プラスチック HFRP を成形し，HFRTP と HFRP の特性を比較検討した結果についても述べる．

2.1 成形法

2.1.1 マトリックス

　現場重合型 PA6 の原料モノマーである ε-カプロラクタムは室温では粉末状で，融点は 69 ℃ であるが，90 ℃ 以上に加熱すると低粘度の液状モノマーとなるため，長繊維を用いて高い繊維含有率で充填した FRTP の成形が可能となる．また，ε-カプロラクタムは比較的低温でもアルカリ金属などのアニオン触媒とアシルラクタム誘導体などの重合開始剤との作用により，直鎖状のポリアミド6に短時間で開環重合[8),9)]することが知られている．したがって，ε-カプロラクタムを原料モノマーとした現場重合型 FRTP は，フィルムスタッキング法のような高温・高圧の成形システムが不要であり，より低いエネルギーでFRTP の成形が可能である．

　図 2.1 に ε-カプロラクタムのアニオン触媒として ε-カプロラクタム・ナトリウム塩，重合開始剤としてヘキサメチレンジイソシアネート（HMDI）を混合した ε-カプロラクタム混合溶液の各温度におけるゲル化時間の変化を示す．図 4.1 に示すように ε-カプロラクタム混合溶液のゲル化時間は加熱温度が高いほど短くなることから，加熱によって重合が加速されることが確認された．

　図 2.2 には同じアニオン触媒と重合開始剤を用いた ε-カプロラクタム溶液を金型内で 10 分間加熱した場合の重合温度と得られたポリアミド6の重量平均分子量との関係を示す．同図に示したように，各重合温度での PA6 の重量

2.1 成形法

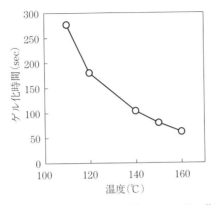

図2.1　各成形温度での現場重合PA6のゲル化時間

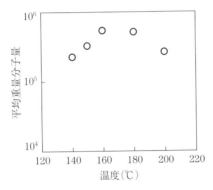

図2.2　各重合化温度でのPA6の平均重量分子量

平均分子量は，全て数十万オーダーに達しており，ε-カプロラクタム溶液は140℃で1～2分間程度の比較的短時間の加熱で高分子化することが確認できた．

したがって，ε-カプロラクタムにアニオン重合触媒としてε-カプロラクタム・ナトリウム塩を，活性剤としてヘクサメチレンジイソシアネート（HMDI）を添加し，アニオニック開環重合によってPA6が得られる．このε-カプロラクタムは室温では粉末状態であるが，70℃以上で液体状態になり，粘度は110

℃で3~4 mPa·s、ゲル化時間は160℃で1分程度となるので、VaRTM成形に応用した.

2.1.2 強化材

強化材に用いた炭素繊維綾織（日東紡績㈱製CF3302）は、厚さが0.22 mm、織密度は縦と横方向共に12.5トウ/25 mmであるが、炭素繊維の表面に付着している収束剤に含まれているカルボン酸成分がε-カプロラクタムの重合を阻害する可能性がある。これはε-カプロラクタムの開環重合がアニオン重合であるため、アニオン触媒のナトリウムカチオンとカルボン酸が塩を形成すると触媒能を喪失し、重合反応が停止するためである。そのため、成形前にアセトン洗浄による炭素繊維の収束剤の除去を行った.

ガラス繊維には平織（日東紡績㈱製WEA22F-BX）を用い、厚さは0.21 mm、織密度は縦と横方向共に25トウ/25 mmであるが、この場合はシランカップリング剤で表面処理を行った.

2.1.3 成形方法

ε-カプロラクタムのアニオン触媒は、空気中の水分により触媒能が失活し、重合が阻害される可能性があるため、成形法としては成型システム内で空気中の水分管理が可能な方法、例えば、密閉された型内で成形するRTM法、VaRTM法、インフュージョン法が適している。ここでは、比較的簡便な真空ポンプシステムだけで樹脂の注入が可能なVaRTMを採用したが、それを図2.3に示す.

(1) 樹脂板（I-PA6）

成形温度がε-カプロラクタムのポリマー化時の結晶化度および機械的特性

2.1 成形法

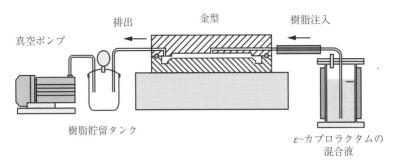

図 2.3 VaRTM 成形システムの概略図

に及ぼす影響を調査するため，金型温度を 140，160，180，200℃と変化させて成形を行った．樹脂板の成形では，金型を所定の温度に加熱した後，金型内部を真空ポンプにより 10 kPa まで減圧し，次いで，110℃に保った ε-カプロラクタムに触媒および活性剤を混合した溶液を，所定の温度の金型の中央に注入した．ゲル化時間から 1 分程度で十分であるが，念のため 5 分間所定の温度で加熱した後，すぐに脱型して成形板（以後 I-PA6 と呼ぶ）を得た．

(2) ガラス繊維強化熱可塑性プラスチック（I-GFRTP）

ガラス繊維を用いた FRTP の成形では，金型内部にガラス繊維織物を幅と長さを金型寸法に合わせて所定の大きさに裁断した織物を 15 枚重ねて装填した後，上記の混合溶液を金型の中央に注入した．この場合も 5 分間所定の温度で加熱した後，冷却工程を経ることなく，すぐに脱型して FRTP 板（以後 I-GFRTP と呼ぶ）を得た．作製した I-GFRTP 板の寸法は長さが 760 mm，幅が 630 mm，厚さは 3 mm で周囲に幅 50 mm，深さ 40 mm のフランジ部を有するが，それを図 2.4 に示す．外観は美麗であり，ボイドやひけなどの外観不良は観察されなかった．強化用繊維の体積含有率 V_f は 42 % であった．

図 2.4　ガラス繊維強化熱可塑性プラスチック（I-GFRTP）

(3)　炭素繊維強化熱可塑性プラスチック（I-CFRTP）

　カーボン繊維を用いた CFRTP の成形でも金型を所定の温度に加熱した後，金型内部にカーボン繊維の綾織を所定の枚数分積層して装填した．金型内部は真空ポンプにより 10 kPa まで減圧した．次に 110 ℃ に保った ε-カプロラクタムに触媒および活性剤を混合した溶液を所定の温度の金型中央の一点に注入した．この場合も 5 分間所定の温度で加熱した後，冷却工程を経ることなく，すぐに脱型して成形板（以後，I-CFRTP と呼ぶ）を得た．製作した I-CFRTP 板の寸法は I-GFRTP と同じで，ボイドやひけなどの外観不良は観察されなかった．強化用繊維の体積含有率 V_f は CF 織物 13 枚を用いた場合は 49 ％ であった．

(4)　ハイブリッド繊維熱可塑性プラスチック（I-HFRTP）

　ガラス繊維とカーボン繊維を用いたハイブリッド熱可塑性板（I-HFRTP）の場合は，積層板の上と下に 2 層ずつ炭素繊維織物を配し，その間に平織ガラ

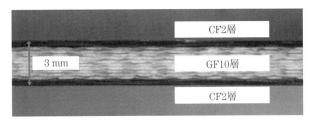

図 2.5 ハイブリッド繊維強化熱可塑性プラスチック（I–HFRTP）

ス繊維 10 枚を置いて全部で 14 層から成るサンドイッチ構成（図 2.5）とし，平均繊維含有率は 42 % となった

2.1.4 ハイブリッド HFRP の成形法

ε–カプロラクタムを用いたハイブリッド熱可塑性プラスチック（I–HFRTP）の特性と熱硬化性の速硬化型エポキシ樹脂を用いたハイブリッド繊維強化熱硬化性プラスチック（HFRP）の特性を比較するために，速硬化型エポキシ樹脂は主剤（HICE-11R）と硬化剤（HICE-11H）の比率を 100：20 で混合した．このエポキシ樹脂の粘度は通常のエポキシ樹脂の値よりもかなり小さく，温度 80 ℃ における粘度は 45 mPa·s であった．したがって，図 2.3 の VaRTM を用いて成形したが，ゲル化時間 6 分程度となるため，成形時間は余裕をみて 10 分とした．

強化材に用いた綾織炭素繊維は CFRTP に用いたものを，ガラス繊維も GFRTP に用いたものを使用し，ハイブリッド材の積層構成は，I–HFRTP と等しく，積層材の上と下に 2 層ずつ炭素繊維織物を配し，その間にガラス繊維 10 層を置いた全部で 14 層から成るサンドイッチ構成とし，平均繊維含有率は 42 % となった．

第 2 章　モノマーを用いた成形法とその特性

I-GFRTP と I-CFRTP の特性評価

　現場重合の ε-カプロラクタムだけで成形した I-PA6，ガラスおよびカーボン繊維を強化繊維に用いた I-GFRTP と I-CFRTP の各特性値と比較するために，第 1 章のスタンピング成形で述べた樹脂板を C-PA6，さらに同じ強化材を用い，繊維体積含有率 V_f が同じ値になるように PA6 のフィルムの枚数を調整した GFRTP と CFRTP の結果をそれぞれ C-GFRTP と C-CFRTP としてここでは表示する．

2.2.1　走査型電子顕微鏡 (SEM) 観察

　成形した I-GFRTP および C-GFRTP の樹脂の含浸状態を評価するため，走査型電子顕微鏡 (SEM) による断面観察を行った．SEM 観察用試験片は，成形板から切り出した小片を，耐水研磨紙 (#4000 番) で研磨した後，シリカ研磨液にて鏡面仕上げを行った．それを純水中で超音波洗浄した後，60℃で 2 時間乾燥させ，観察面に Au を 10 nm 程度蒸着し，SEM 観察に供した．走査型電子顕微鏡 (㈱日立ハイテクノロジーズ製 S-3400N) を使用して真空減圧下にて断面観察および撮影を行った．

　また，FRTP の強化用繊維と樹脂との接着状態を評価するための手段としても，曲げ破断部において SEM 観察を行った．成形した I-GFRTP の断面写真を図 2.6 に示すが，同図には第 1 章の図 1.6 の結果も併せて示す．いずれの成形温度で成形した I-GFRTP あるいはスタンピング法により得た C-GFRTP においても，マトリックスである PA6 がほぼ均質に強化用繊維に含浸しており，ボイドなどの欠陥は観察されなかった．

2.2 I-GFRTP と I-CFRTP の特性評価

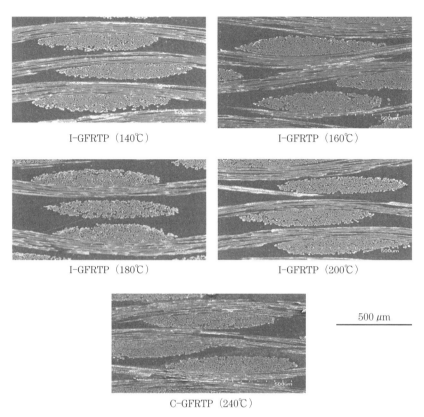

図 2.6　各成形温度での断面の SEM 観察結果

　走査型電子顕微鏡（SEM）で I-CFRTP 断面の樹脂の含浸状況を観察した結果と図 1.5 の結果を C-CFRTP として**図 2.7** に併せて示す．140，180，200 ℃の成形温度で成形した I-CFRTP，あるいは 240 ℃でスタンピング法を用いて成形した C-CFRTP においても，マトリックスである PA6 がほぼ均質に強化繊維に含浸しており，ボイドなどの欠陥は観察されなかった．

　I-GFRTP と I-CFRTP のマトリックスの原料モノマーである ε-カプロラクタム溶液は，低粘度であるモノマーの段階で強化繊維に含浸・複合化されるた

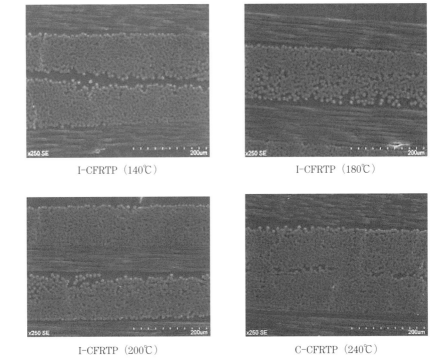

図 2.7　各成形温度での断面の SEM 観察結果

め,クロス基材や綾織のような強化繊維の含有率が高い長繊維基材においても良好な含浸状態が得られることが示された.このことから,ε-カプロラクタムを原料モノマーとした現場重合型の FRTP は,スタンピング法のような高温・高圧の成形システムが不要であり,より低エネルギーで簡便に成形が可能である.

2.2.2　融解熱および結晶化度の測定

I-PA6,I-GFRTP および I-CFRTP のマトリックス樹脂は,重合しながら

2.2 I-GFRTP と I-CFRTP の特性評価

結晶化も起こる．一方，第1章で述べた C-PA6，C-GFRTP および C-CFRTP は，加熱して一旦再溶融させ，賦形した後に冷却する過程でマトリックス樹脂の結晶化が起こる．そこで，I-PA6，I-GFRTP および I-CFRTP のマトリックス樹脂の重合直後の結晶化度と，C-PA6，C-GFRTP および C-CFRTP の賦形直後の結晶化度を測定するため，それぞれの試験片の樹脂部分をアルミパンに 10 mg 精秤し，示差走査熱量計（SII㈱製 DSC6220）を使用して，窒素流量 40 ml/min の雰囲気下で結晶の融解熱を測定した．

室温から 250 ℃まで 20 ℃/min で昇温することにより，成形直後の結晶の融解熱を測定した（1st heating）．その後，一旦 30 ℃まで 50 ℃/min で降温し，再度，250 ℃まで 20 ℃/min で昇温した（2nd heating）．この過程で，再溶融後の冷却過程で形成される結晶の融解熱が測定される．

この 1st heating および 2nd heating で測定された結晶の融解熱を用いて，成形直後の結晶の結晶化度（1st heating Degree of Crystallity, 1st DC）と再溶融後に冷却過程で形成された結晶の結晶化度（2nd heating Degree of Crystallity, 2nd DC）を式(2.1)により，それぞれ算出した

$$DC = (\Delta H_m / \Delta H_m^{100\%}) \times 100 \quad (\%) \tag{2.1}$$

ここで，ΔH_m には測定した融解熱，$\Delta H_m^{100\%}$ は結晶化度 100 %のポリマーの融解熱の理論値であり，Dole ら[8]によって報告されている PA6 の理論融解熱 188 J/g を用いた．種々の温度で成形した I-PA6，I-GFRTP および I-CFRTP に関する，成形温度と結晶化度との関係を図 2.8 および図 2.9 に示す．図には比較用に 250 ℃で成形した表 1.1 の C-PA6，C-GFRTP および C-CFRTP の結晶化度の結果もそれぞれ付記した．

140，160，180 ℃で成形した I-PA6，I-GFRTP および I-CFRTP の成形直後の結晶化度（1st heating DC）と，重合後に再溶融し冷却固化した後の結晶化度（2nd heating DC）とを比較すると，成形直後の結晶化度の方が高い．これは，結晶の成長速度が分子量に大きく依存するためではないかと考えられる．

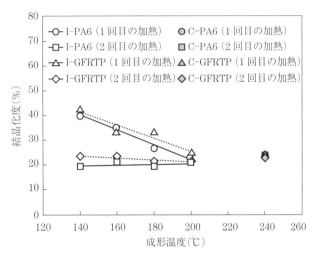

図 2.8　IPA-6, I-GFRTP と C-GFRTP の結晶化度と温度の関係

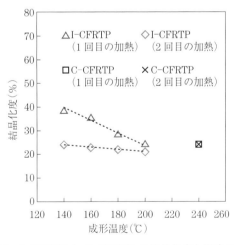

図 2.9　I-CFRTP と C-CFRTP の結晶化度と温度の関係

すなわち，重合過程での結晶化は，重合初期の動きやすい低分子の状態で結晶が形成されるため，結晶の成長速度が速いのに対し，重合後の再溶融・冷却固化過程では，既に高分子量となっている分子の運動が低分子の場合よりもずっと低く，結晶の成長速度が遅くなり，2nd heating での結晶化度が重合直後のそれ（1st heating に対応）よりも低くなったのではないかと推察される．

一方，C-PA6，C-GFRTP および C-CFRTP の 1st heating と 2nd heating の結晶化度は共に 23 % 前後で変化がない．これは，C-PA6，C-GFRTP および C-CFRTP のマトリックス樹脂は成形時において既に高分子状態であり，分子の動きやすさが異なることはないため結晶の成長速度が変化しなかったことによるものと考えられる．

また，I-PA6，I-GFRTP および I-CFRTP の成形温度が高いほど，重合に形成される結晶の結晶化度（1st heating に対応）が低くなった．一般に結晶化には結晶核の生成と結晶の成長の 2 つの過程があり，温度が高いほど結晶核が形成されにくいことが知られている．I-PA6，I-GFRTP および I-CFRTP の成形過程の場合も，成形温度が高いほど結晶核が生成しにくく，結果として結晶化が進まなかったのではないかと推察される．さらに，I-PA6 と I-GFRTP および I-CFRTP とを比較すると，ほぼ同じ結晶化度であることから，強化材として用いたガラス繊維やカーボン繊維の有無がマトリックス樹脂の結晶化度に影響しないことも確認できた．

2.2.3 未反応モノマー残存率および吸水率の測定

現場重合型 PA6 の重合後にポリマー中に含まれる未反応モノマー（ε-カプロラクタム）が水に易溶であることを利用し，I-PA6，I-GFRTP および I-CFRTP のマトリックス樹脂に含まれる未反応モノマー残存率と吸水率の測定を，以下の方法で行った．すなわち，成形直後の厚さ 3 mm の板から 10 mm × 60 mm の矩形に試験片を切り出し，60 ℃で 24 時間減圧乾燥した後，精秤し，

初期重量（M_0）とした．その後，80℃の温水に72時間浸漬した後，試験片の重量を測定し，吸水後重量（M_2）とした．その後，再度60℃で72時間真空乾燥し，試験片の重量を測定して抽出後重量（M_1）とした．これらの値を用いて，式(2.2)から未反応モノマー残存率（Mu）を，式(2.3)から吸水率（Ma）を求めた．

$$Mu = \frac{M_0 - M_1}{M_0} \times 100 \quad (\%) \tag{2.2}$$

$$Ma = \frac{M_2 - M_1}{M_2} \times 100 \quad (\%) \tag{2.3}$$

I-PA6，I-GFRTP の未反応モノマー残存率と成形温度の関係を図2.10に，吸水率を図2.12に示す．さらに，I-CFRTP の未反応モノマー残存率と成形温度との関係を図2.11，吸水率との関係を図2.13にそれぞれ示す．これらの図には比較のため，第1章の表1.2と表1.3の C-CFRTP と C-GFRTP の結果も併せて示す．図2.10および図2.13から，I-PA6，I-GFRTP および I-CFRTP 共に成形温度が140～160℃の範囲であれば未反応モノマー残存率が少なく，さらに吸水率も低くなる．しかし，成形温度を200℃で成形した I-

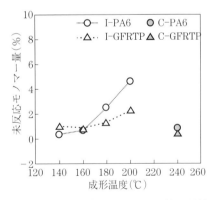

図2.10 成形温度と未反応モノマー量の関係
(I-PA6, C-PA6, I-GFRTP, C-GFRTP)

PA6, I-GFRTP および I-CFRTP は，共に未反応モノマー残存率と吸水率とが高くなる．このように，成形温度により未反応モノマー残存率と吸水率とが異なるのは，ε-カプロラクタムの重合に最適な温度範囲があるためと考えられる．すなわち，成形温度が 140 ℃ から 160 ℃ の範囲で成形された I-PA6, I-GFRTP および I-CFRTP のマトリックス樹脂は十分に重合が進み高分子化しているため，未反応モノマー残存率と吸水率が少なかったと考えられる．

また，I-PA6 と I-GFRTP および I-CFRTP の比較では，未反応モノマー残

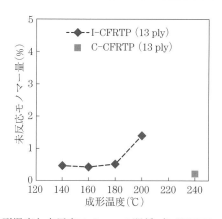

図 2.11　成形温度と未反応モノマーの関係（I-CFRTP, C-CFRTP）

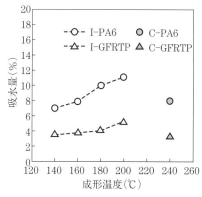

図 2.12　成形温度と吸水率の関係（I-PA6, C-PA6, I-GFRTP, C-GFRTP）

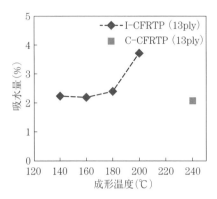

図 2.13　成形温度と吸水率の関係（I-CFRTP, C-CFRTP）

存率および吸水率の傾向は変わらなかった．このことから，強化材に用いたガラス，カーボン繊維の有無が，I-PA6，I-GFRTP および I-CFRTP のマトリックス樹脂の重合に与える影響はほとんどないことが示された．

　比較として成形した C-PA6，C-GFRTP および C-CFRTP の吸水率は，140 ℃および 160 ℃の温度で成形した I-PA6，I-GFRTP および I-CFRTP と同等の吸水率であった．このことより，I-PA6，I-GFRTP および I-CFRTP は，既に高分子化している PA6 で作製した C-PA6，C-GFRTP および C-CFRTP と同等の耐水性を有していると考えられる．

 3 点曲げ試験

　成形した全ての試験片の強度および弾性率を評価するため，JIS K 7017 に準じた 3 点曲げ試験を行った．試験片サイズは，厚さ $t=3$ mm，幅 $b=15$ mm，長さ $l=100$ mm で支点間距離は 80 mm とした．

2.3.1 I-PA6 と I-GFRTP

I-PA6, C-PA6 および I-GFRTP, C-GFRTP の曲げ試験結果を図 2.14 および図 2.15 に示す. 両図から, I-PA6 および I-GFRTP 共に成形温度が 140℃, 160℃の場合に曲げ強度および弾性率が最も高くなることが分かる. このよう

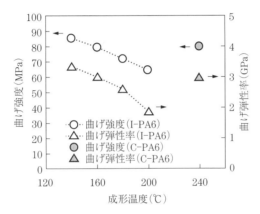

図 2.14 成形温度と曲げ強度と曲げ弾性率の関係
(I-PA6, C-PA6)

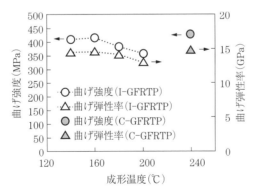

図 2.15 成形温度と曲げ強度と曲げ弾性率の関係
(I-GFRTP, C-GFRTP)

に，曲げ強度および弾性率が成形温度で異なるのは，図2.10に示したマトリックス中の未反応モノマー残存率と関連性があるものと考えられる．すなわち，180℃および200℃で成形したI-PA6およびI-GFRTPは，マトリックスに含まれる未反応モノマー残存率が高く，重合が不十分であったため，機械的特性が発現しなかったものと推測される．一方，比較として作製したC-PA6の曲げ強度および弾性率は，140℃および160℃の成形温度で成形したI-PA6とほぼ同等の強度と弾性率である．同様にC-GFRTPと140℃および160℃の成形温度で成形したI-GFRTPは同等の曲げ強度と弾性率を有している．

また，図2.16に，I-GFRTPおよびC-GFRTPの曲げ試験後の試験片破断面のSEM観察写真を示す．同図から，140，160，180，200℃の成形温度で成形したI-GFRTPとC-GFRTPは，樹脂から引き抜けたガラス繊維の長さや引き抜けたガラス繊維の状態にあまり大差がないことが分かる．このことから，I-GFRTPとC-GFRTPのガラス繊維とマトリックス樹脂との接着性は大きな差はないと考えられる．

2.3.2 I-CFRTP

I-CFRTPの曲げ強度，曲げ弾性率の結果を図2.17および図2.18に示すが，曲げ強度は140～160℃で最大値を示し，曲げ弾性率は140℃で最大となった．I-CFRTPの曲げ強度と曲げ弾性率が成形温度で異なるのは，I-GFRTPと同様にマトリックス中の未反応モノマー残存率（図2.11），結晶化度（図2.9），さらに後述の界面の接着状態（図2.19）と関連性があるとものと考えられる．すなわち，180℃および200℃で成形したI-CFRTPは，マトリックスに含まれる未反応モノマー残存率が高く，重合が不十分であったため，機械的特性が発現しなかったものと推測される．一方，比較のために成形したC-CFRTPの曲げ強度および弾性率の最大値はI-CFRTPより若干低い値を示した．

図2.19にI-CFRTPの曲げ試験後の試験片破断面のSEM観察した破断面の

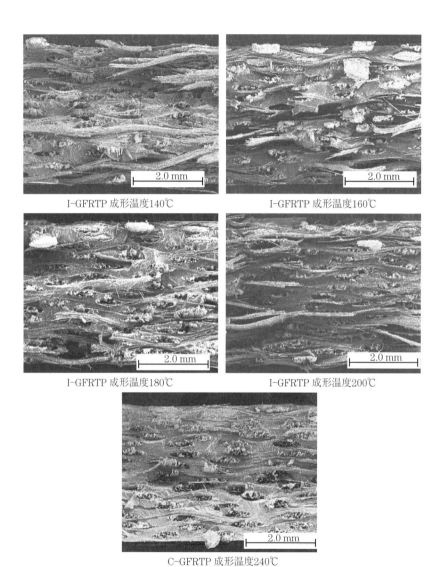

図2.16 3点曲げ試験後の破断面のSEM観察結果

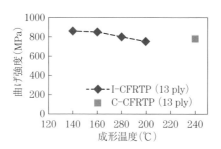

図 2.17　曲げ強度と成形温度の関係
（I-CFRTP，C-CFRTP）

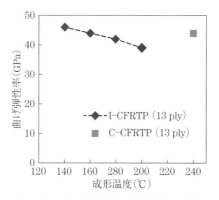

図 2.18　曲げ弾性率と成形温度の関係
（I-CFRTP，C-CFRTP）

写真を示す．140℃，160℃の成形温度で成形した I-CFRTP は，破断部のカーボン繊維の表面に残っている樹脂が多く見られることから，カーボン繊維とマトリックス樹脂の接着性は良好であったと推察される．一方で，200℃の成形温度で成形した I-CFRTP と 240℃で成形した C-CFRTP の破断部のカーボン繊維の表面には樹脂が少ししか残っていないことから，繊維と樹脂の接着性および界面接着強度が低かったと考えられる．これらの曲げ強度のデータおよび破断面の SEM 観察から，現場重合型の PA6 の成形温度には最適な範囲があることが示された．

図 2.19 曲げ試験後の各成形温度での試験片の SEM 写真

2.4 アイゾット衝撃試験

　作製した PA6 樹脂板，それをマトリックスとする I-GFRTP，I-CFRTP と I-HFRTP 板の耐衝撃性を評価するため，JIS K 7110 に準じたアイゾット衝撃試験を行った．衝撃は，試験片の厚さ方向に垂直にハンマーで打撃を加えたい

わゆるエッジワイズ衝撃を行った．試験片には切り欠き（ノッチ）を設けた．試験片のサイズは，厚さ $t=12.7$ mm，幅 $b=3$ mm，長さ $l=64$ mm であり，切り欠きのサイズは，先端半径 $r=0.25$ mm で切り欠き深さ $d=2.54$ mm である．

2.4.1 I-PA6 と I-GFRTP

　I-PA6，C-PA6 および I-GFRTP，C-GFRTP のアイゾット衝撃試験結果を図 2.20 および図 2.21 に示す．同図から，I-PA6 は 200℃の温度で成形した場合にアイゾット衝撃強度が最も高く，140℃および 160℃の温度で成形したI-PA6 の衝撃値の 2 倍となっている．しかしながら，I-GFRTP では成形温度を 140℃から 200℃に変化させてもアイゾット衝撃強度はほとんど変化しておらず，I-GFRTP の耐衝撃性は成形温度の影響をほとんど受けない．このように，I-GFRTP の耐衝撃性が成形温度の影響をほとんど受けないのは，強化繊維の補強効果によるものと推察される．すなわち，強化繊維の補強形体（繊維の配向，繊維長および繊維径）および含有率が耐衝撃性を決定する支配因子であるためと考えられる．一方，比較として成形した C-GFRTP のアイゾット衝撃

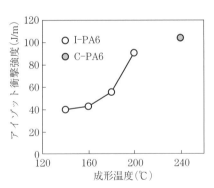

図 2.20　成形温度と衝撃強度の関係
(I-PA6, C-PA6)

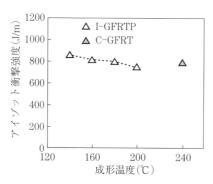

図 2.21　成形温度と衝撃強度の関係
（I-GFRTP，C-GFRTP）

強度は I-GFRTP とほぼ同じ値を示した．このことから，現場重合型の PA6 をマトリックスとした I-GFRTP は，成形温度に左右されず，既に高分子化している PA6 をマトリックスとした C-GFRTP と同等の耐衝撃性を発現できることが明らかとなった．

2.4.2 I-CFRTP

I-CFRTP および C-CFRTP のアイゾット衝撃試験結果を図 2.22 に示す．図 2.21 の I-GFRTP の場合と同様に，I-CFRTP では成形温度を 140℃ から 200℃ に変化させてもアイゾット衝撃強度はほとど変化しておらず，I-CFRTP の耐衝撃性は成形温度の影響をほとんど受けていない．I-CFRTP の耐衝撃性が成形温度の影響を受けないのは，強化繊維の補強効果によるものと考えられる．

一方，比較として成形した C-CFRTP のアイゾット衝撃強度は I-CFRTP とほぼ同じ値を示したが，図 2.21 の C-GFRTP の場合と同様に，成形温度に左右されず，既に高分子化している PA6 をマトリックスとした CFRTP と同等の耐衝撃性を発現できることが示された．

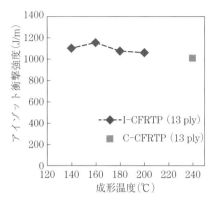

図 2.22　成形温度と衝撃強度の関係
（I-CFRTP，C-CFRTP）

ハイブリッド繊維強化熱可塑性プラスチック

　図 2.5 に示したようにカーボン綾織材を上下に 2 層ずつ，その間にガラス平織材を 10 層配置して ε-カプロラクタムを用いて VaRTM 法で温度 160 ℃ で成形したハイブリッド繊維熱可塑プラスチック材（1-HFRTP）の断面を SEM で観察した結果を図 2.23 に示す．同図には速効型エポキシ樹脂を用いた HFRP の結果も併せて示すが，両ハイブリッド材においてカーボン繊維，ガラス繊維と両方の樹脂がよく含浸していることが示されている．I-HFRTP の曲げ試験結果を表 2.1 に示すが，曲げ弾性率，曲げ強度と破損時のひずみの変動率が 4.7 %，3.5 % と 1.68 % といずれも 5 % 以下の値で，ばらつきの少ない試験結果を示している．

　図 2.15 の I-GFRTP と図 2.17 および図 2.18 の I-CFRTP) の曲げ弾性率と曲げ強度の結果と混合則を用いて計算した I-HFRTP 材の曲げ弾性率と曲げ強度

2.5 ハイブリッド繊維強化熱可塑性プラスチック

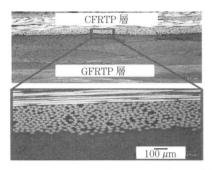
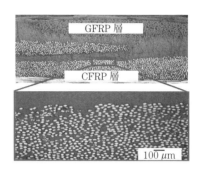

図 2.23 CF と GF を用いたハイブリッド材

表 2.1 I-HFRTP の曲げ試験結果

試験片番号	曲げ弾性率 (GPa)	曲げ強度 (MPa)	破損時のひずみ (%)
1	32.0	558	1.64
2	32.6	628	1.66
3	35.8	604	1.60
4	35.4	594	1.73
5	36.4	585	1.79
平均値	34.4	594	1.68
C.V.	4.7 %	3.5 %	3.7 %

の計算値は 34.6 GPa, 548 MPa となった. 実験結果の 34.4 GPa と 594 MPa と比較すると, 曲げ弾性率は一致し, 曲げ強度は 8 % 程度実験値が大きくなった.

さらに, I-HFRTP 板については, エッジワイズ衝撃以外に試験片の表面に垂直に打撃を与えるフラットワイズ衝撃を行ったが, この場合はノッチを付けていない.

表 2.2 に I-HFRTP のエッジワイズとフラットワイズの試験結果を示す. 表中の強度の数字の後の H は, 図 2.24 に示すように試験片の一部がつながり, ヒンジ形状の破損形態を表す. I-HFRTP の試験片において, フラットワイズの衝撃強度の平均値がエッジワイズのそれよりも 14 % 程度大きくなる.

第2章 モノマーを用いた成形法とその特性

表2.2 I-HFRTPの衝撃強度

試験片番号	衝撃強度 (kJ/m^2) by	
	エッジ方向	フラット方向
1	50.0 H	59.7 H
2	47.9 H	59.4 H
3	51.1 H	54.9 H
4	49.3 H	54.1 H
5	51.0 H	54.4 H
平均値	49.6	56.5
C.V.	2.3 %	4.5 %

図2.24 I-HFRTPの衝撃後の様子

I-HFRTPの特性値を強化材にオール炭素繊維織物を用いて成形したI-CFRTPの値と比較して表2.3に示す．炭素繊維織物とガラス繊維織物の使用量を4：10とした場合，衝撃強度は5割以上増，材料コストは4割減となるが，曲げ特性の値は2〜3割減，重量は6割近く増加する．ガラス繊維の比重量がアルミニウム合金と等しいので，オールアルミニウム合金の場合よりもハイブリッド材は軽くなるので，この重量増は衝撃強度増と材料コスト減のハイブリッド化の長所でカバーが可能と考えられる．

表 2.3　I-CFRTP と I-HFRTP の比較

衝撃強度比	HFRTP/CFRTP = 1.55
材料価格比	HFRTP/CFRTP = 0.39
曲げ弾性率比	HFRTP/CFRTP = 0.75
曲げ強度比	HFRTP/CFRTP = 0.69
重量比	HFRTP/CFRTP = 1.56

2.6　HFRP の特性と I-HFRTP との比較

　速効型エポキシ樹脂を用いて同じハイブリッド構成の強化材で成形したHFRP の曲げ試験の結果を表 2.4 に示す．また，I-HFRTP と HFRP の代表的な応力-ひずみ線図を図 2.25 に示す．同じ強化繊維を用いてマトリックスに熱可塑性樹脂の PA6 を用いた I-HFRTP は速硬化型のエポキシ樹脂を用いた HFRP よりも曲げ弾性率は 14 % 程度小さくなるが，曲げ強度はほぼ同じで，最大曲げひずみは大きくなる．

表 2.4　HFRP 材の曲げ試験結果の比較

試験片番号	曲げ弾性率 （GPa）	曲げ強度 （MPa）	破損時のひずみ （％）
1	40.2	584	1.48
2	38.8	599	1.57
3	38.4	580	1.59
4	38.6	610	1.63
5	40.0	612	1.57
平均値	39.2	597	1.57
C.V.	1.7 %	2.0 %	2.9 %

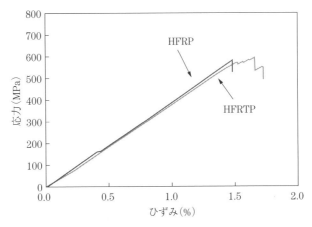

図 2.25　両ハイブリッド材の応力-ひずみ線図

さらに両ハイブリッド材のエッジワイズとフラットワイズの衝撃の実験結果を表 2.5 および表 2.6 にそれぞれ示すが，表 2.5 の強度の数字の後の C は衝撃試験後に試験片が完全に分離したことを意味する．両衝撃試験において I-HFRTP の衝撃強度が HFRP の値よりも 10 ％程度大きくなる．

I-HFRTP と HFRP の特性をまとめて表 2.7 に比較して示すが，同じ強化繊維を用いてマトリックスに熱可塑性樹脂の PA6 を用いた I-HFRTP は速硬化型のエポキシ樹脂を用いた HFRP よりも曲げ弾性率は 14 ％程度小さくなるが，強度はほぼ同じで，最大曲げひずみや衝撃強度は大きくなり，さらに成形時間がかなり短くなる．

本章では従来の手法に比べて成形時間が短く，生産設備や成形エネルギーの費用が安い熱可塑性モノマーである現場重合の ε-カプロラクタムを用いた繊維強化熱可塑性複合材料（FRTP）の成形法とそれら FRTP の各種特性を明らかにした．また，従来から使用されている熱可塑性フィルムを用いたスタンピング成形による FRTP の特性と比較・検討した結果，本章で提案した手法による FRTP は従来法の FRTP 各種特性と遜色がないこと明らかにし，生産性

2.6 HFRPの特性とI-HFRTPとの比較

表2.5 I-HFRTPとHFRPのエッジワイズ衝撃試験の比較

試験片番号	アイゾット衝撃強度 (kJ/m^2)	
	I-HFRTP	HFRP
1	50.0 H	44.9 C
2	47.9 H	44.1 C
3	51.1 H	45.5 C
4	49.3 H	45.2 C
5	51.0 H	48.0 C
平均値	49.6	45.6
C.V.	2.3 %	2.9 %

表2.6 I-HFRTPとHFRPのフラットワイズ衝撃試験の比較

試験片番号	アイゾット撃強度 (kJ/m^2)	
	I-HFRTP	HFRP
1	59.7 H	52.2 H
2	59.4 H	57.8 H
3	54.9 H	52.6 H
4	54.1 H	51.5 H
5	54.4 H	47.3 H
平均値	56.5	52.3
C.V.	4.5 %	6.4 %

表2.7 I-HFRTPとHFRPの比較

	HFRTP	HFRP
曲げ弾性率 (GPa)	34.4	39.2
曲げ強度 (MPa)	594	597
最大曲げひずみ (%)	1.68	1.57
エッジ方向の衝撃強度比 (kJ/m^2)	49.6	45.6
フラット方向の衝撃強度比 (kJ/m^2)	56.5	52.3
成形時間 (min.)	1 (+3)	6 (+3)

第2章 モノマーを用いた成形法とその特性

や成形コストの上で,本手法の優越性を明らかにした.

次に,繊強化熱可塑性複合材料を広範囲に普及させるため,炭素繊維織物とガラス繊維織物を強化材として,現場重合のε-カプロラクタムをマトリックスとしたハイブリッド繊維強化熱可塑性プラスチック(HFRTP)を成形し,その曲げ特性と衝撃強度を明らかにした.強化繊維としてガラス繊維とカーボン繊維の割合を10対4で用いたハイブリッド材とオールカーボン繊維のCFRTPを比較検討し,ハイブリッド化のメリットとデメリットを明らかにした.

さらにHFRTPの値と同じ成形装置のVaRTM法を用いて速硬化型エポキシ樹脂をマトリックスとし,同じ強化材を用いたハイブリッド繊維強化熱硬化性プラスチック(HFRP)の値と比較した結果,曲げ特性はほぼ同じで,HFRTPの方が成形時間は短く,衝撃特性が勝ることを明らかにした.

参考文献

1) K. Nakamura, G. Ben, N. Hirayama and H. Nishida : Effect of molding condition of impact properties of glass fiber reinforced thermoplastics using in situ polymerizable polyamide 6 as the matrix, Proceeding of ICCM 18, Jeju, Korea (2011)

2) 中村幸一,邉吾一,平山紀夫,西田裕文:現場重合型ポリアミド6をマトリックスとするGFRTPの機械的特性に及ぼす成形条件の影響,日本複合材料学会誌,37 (5) (2011), 182-189

3) C. Yan, H. Li, X. Zhang, Y. Zhu, X. Fan and L. Yu : Preparation and properties of continuous glass fiber reinforced anionic polyamaide-6 thermoplastic composites, Materials and Design, Vol.46, (2013), 688-695

4) G. Ben, K. Nakamura, N. Hirayama and H. Nishida : Development of fiber reinforced thermoplastics composites using in-situ polymerizable polyamide 6 as matrix, Proc. of Composite 2012, American Composites Manufactures Association, Las Vegas, Nevada (2012)

5) 邉 吾一,大関 輝,中村幸一,平山紀夫他3名:カーボン織物と現場重合熱可塑性樹脂を用いたCFRTPの機械的特性と成形条件,日本複合材料学会誌,39

(4) (2013), 127-134
6) G.Ben. A.Shouji and K.Sakata：Evaluation of new GFRTP and CFRTP using epsilon caprolactam as matrix fabricated with VARTM, Science and Engineering Composite Materials, Vol.21, No.4 (2014)
7) G.Ben, K.Sakata：Fabrications of hybrid FRTP and FRP using same reinforcements with RTM and comparison of their mechanical properties, Proceedings of CAMX, 2014, Orland
8) M. Dole & B. Wunderlich：Makro Chem., 34 (1959), 29-49

第3章

ペレットを用いた成形法と
その特性

本章では，押出成形と引抜成形を併用した熱可塑性樹脂複合材料の成形法とその特性について述べる．押出成形は熱可塑性樹脂ペレットを使用した一般的なプラスチック成形加工方法であり，連続成形が可能である．また，引抜成形もFRPの成形方法としての歴史は長く，ガラスロービングを引きそろえ連続的に含浸・硬化させることで連続成形可能であることが特徴となる．したがって，どちらの成形法も連続的な成形法であり，押出機により溶融混練したペレットを引きそろえた強化繊維に含浸させながら引き抜くことで連続繊維強化FRTPの成形が可能となる．

本章では，押出成形および引抜成形の概要を述べ，押出成形機により熱可塑性樹脂ペレットを溶融させ，繊維を含浸させる溶融法について述べる．また，押出しと引抜きを併用したFRTPの成形事例として，開繊した炭素繊維のロービングとポリプロピレン（PP：polypropylene）によるFRTPの成形，天然繊維と生分解性プラスチックによるFRTPの成形およびガラス繊維とノボラック型フェノール樹脂を使用したFRTPの中間基材成形について紹介する．

3.1 引抜成形法

引抜成形法は一定断面形状，繊維体積含有率が一定の複合材料を連続的に成形する成形法であり，強化繊維を成形方向に引きながら成形するため，強化繊維の真直性が向上し複合材料の成形方法の中でも長尺方向に高強度な製品を低コストで成形することが可能な成形法と言える．

引抜成形方法に概要としては，図3.1に示すように強化繊維をロービングラックから引き出し，所定の温度に保温した含浸槽に入れて母材樹脂に含浸させ，ロービングガイドを介して所定の位置に配置し，金型内に引き入れて硬化させ

第3章　ペレットを用いた成形法とその特性

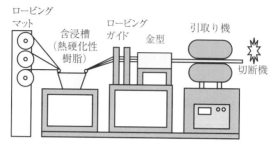

図3.1　引抜成形装置概要

ながら引取り機によって引き抜く．その際に重要な成形条件としては含浸槽温度（樹脂粘度），ロービングガイドにおける繊維配置，金型温度および引抜速度が挙げられる．

　一般的にはガラスロービングを用いて一方向強化複合材料を成形する方法であり，母材樹脂は不飽和ポリエステル，ビニルエステル，エポキシ樹脂などの熱硬化性樹が用いられる．これらの熱硬化性樹脂は常温で液体であるが，さらに温度調節により粘度を低下させ，連続的な含浸，賦形および硬化を行うことが可能となる．異形断面金型により，板，アングル，チャンネル，パイプなどの断面形状が成形可能で，フェンスや梯子をはじめ建築・土木・輸送機器向け内装材といった構造部材などに幅広く利用されている．

3.2　押出成形概要[1]

　押出成形は熱可塑性樹脂の代表的な成形法の1つであり，一定断面形状で均一な製品を連続的に成形可能な生産性の高い成形法であるため，押出成形による製品はプラスチック製品のうちで最大の生産量となっている．押出成形によ

3.2 押出成形概要

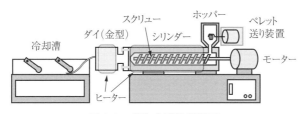

図 3.2 押出成形装置概要

る製品の代表例としてはパイプやフィルムが挙げられるが，近年，製造技術の向上に伴い種々の製品，成形法が開発されている．押出成形装置の概要を図3.2 に示す．

押出成形法は大別して異形押出成形とフィルム押出成形に分けられる．どちらの押出成形方法も，まずはペレット状あるいは粉体の原料をホッパーから投入し，加熱されたシリンダー内で溶融・可塑化させながらスクリューにより前方へ送り出す．溶融した熱可塑性樹脂は，ダイ（金型）に送り込まれ，任意の断面形状となって排出される．ダイの形式を大別すると，ストレート，フラット（T ダイ），クロスヘッド，特殊ダイに分かれる．ストレートダイは成形ライン方向に溶融樹脂を押し出す場合に使用され，パイプやチューブなどの異形成形品の製造に用いられる．また T ダイは押し出された樹脂がマニホールドを有する T 字の金型や魚の尾びれのような形状の金型により幅広く供給されるため，フィルムやシートの製造に用いられる．また，クロスヘッドダイは押出方向と直角に樹脂を流動させる金型で，後述するワイヤーの被覆やインフレーション成形に用いられる．

押し出された樹脂は，徐冷あるいは急冷されて固化することにより製品となり，引取り機によって引き取られる．冷却方法は，空冷や水冷が一般的に用いられている．押出成形において重要な成形条件として，シリンダー温度，金型（ローラー）温度，冷却温度，ペレット送り速度，スクリュー回転速度，製品引取り速度などが挙げられる．この他，原料樹脂の種類やフィラーの種類・添

加量によってスクリュー形状やシリンダー長さといった要件も重要となり，個々の製品に対する成形ノウハウが確立されている．

押出製品については，多層パイプを含む各種パイプ，ホース，フィルムの他，中空成形やインフレーション成形による容器の成形や合成繊維の生産，発泡成形などへも利用され，適用範囲は多岐にわたる．また，導電ワイヤーと押出機により溶融された熱可塑性樹脂をクロスヘッドダイへ送り込み，ワイヤーの周囲に樹脂を融着・被覆しながら成形するといった応用もされている．

また，複合材の分野においては射出成形あるいは押出成形用の繊維強化ペレットの成形も押出成形により製造されてきた．従来のペレットの場合，適当にカットした繊維を押出機に直接投入し，棒状の押出製品をペレット長に応じて切断することで繊維長が 0.5 mm 以下の短繊維強化ペレット（SFP：Short Fiber Pellet）となる．近年では，強化繊維の長繊維化が進められており，ワイヤー被覆と同様の手法で製造された長繊維強化ペレット（LFP：Long Fiber Pellet）が開発されている．ワイヤー被覆を応用しているため，ペレット長に応じて 10 mm 以上の繊維長さを保持したペレットであり，さらによりを掛けるなどの工夫も施され射出成形に用いても「1 mm 程度の繊維長を保持する」とされている[2]．

3.3 クロスヘッドダイによる一方向強化材の成形

押出成形機を用いて熱可塑性樹脂のペレットを溶融し，溶融したペレットを押出成形機の先頭にあるクロスヘッドダイ内で強化繊維に含浸させ，金型により賦形しながら引抜成形する手法は，国内では非常に報告が少ない．海外で実用化されている FRTP 引抜き材ではこの手法が取られているものが少なくな

いと考えられる.

3.3.1 一方向開繊カーボン繊維を強化材とするFRTPの成形[5]

(1) 構成材料

強化繊維には開繊を施した一方向炭素繊維（幅：10 mm, 厚さ：0.1 mm, 丸八（株）提供）を用い，樹脂は次の2種類のPPを用いた．
・試料1　変性なしPP（BC06C，日本ポリプロ（株））
・試料2　マレイン酸変性PP（P908，三菱化学（株））

試料1の変性なしPPは，粘度が非常に高く，成形が困難であった．そのため，改質剤（L-MODU S600, 出光興産（株））を0.1 wt％混合することで低分子になる．低分子化することで粘度を下げ成形を行った．

(2) 成形方法

成形の模式図は3.3.2で述べる図3.6と同じで，ホッパーにPPペレットを入れ，スクリューで190℃に加熱されたクロスヘッドに送る．溶融されたPPと炭素繊維はクロスヘッドに取り付けられた金型（幅：10 mm, 厚さ：0.3 mm, 温度190℃）で含浸させ引取り機で0.2 rpmで引き抜いて，成形品を得た（厚さ：0.4 mm）．

(3) 成形品の評価

得られた成形品を少し裂いて成形品内部を走査電子顕微鏡で観察して，樹脂の接着性の違いを比較した．図3.3の左側が変性なしのPP，右側がマレイン酸変性PPで成形を行った結果である．変性をしていない方は樹脂が全く付着していない．一方，変性をしたPPは樹脂が多く付着している．

得られた成形品から幅10 mm, 厚さ0.4 mm, 長さ120 mmで切り出し，両端部に30 mmに切り出したガラス／エポキシ複合材料をタブとしてセメダイ

第3章 ペレットを用いた成形法とその特性

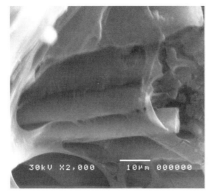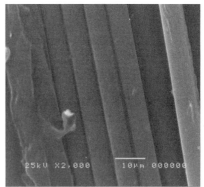

図3.3　SEM観察結果（左：資料1，右：資料2，倍率2,000倍）

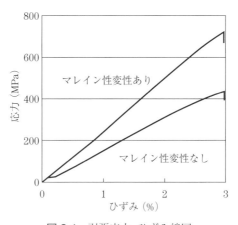

図3.4　引張応力-ひずみ線図

ンEP008で接着し，試験片とした．試験片本数は5本とし，引張速度1 mm/s，標点間距離60 mmで試験を行った．試験結果の代表値を図3.4に示す．最大引張応力は平均で，変性なしPPが418 MPa（変動係数0.05）なのに対して，マレイン酸変性PPは746 MPa（変動係数0.06）と約1.6倍向上した．これは，図3.3から樹脂と繊維の接着性が良くなっているために向上したものと考えら

れる．また，破断ひずみはどれも大体3％前後であった．この一方向CFRTP材は，熱硬化性のプリプレグと同じように中間材として幅広く使用される．強化材にカーボン繊維の織物材を用いた場合も開発されている．

3.3.2 天然繊維を強化材とする一方向強化FRTPの成形[6]

ここでは，引抜法によるケナフ撚糸繊維強化複合材の開発についての成形法および機械的特性を紹介する．この成形では連続成形である引抜成形を行うために擬似的な連続繊維であるより糸状ケナフ繊維束を強化材とし，生分解性を有するで熱可塑性樹脂のポリ乳酸（PLA：Poly Lactic Acid）を母材として溶融含浸法で成形している．

(1) 構成材料（図3.5）

強化材にはより糸状ケナフ繊維束（繊維直径0.8 mm，（株）ユニパアクス製）を用い，母材にはPLA樹脂のペレット（粒径約4 mm，三井化学（株）製）

より糸状ケナフロービング

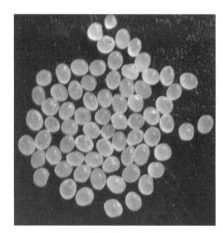
PLAペレット

図3.5 構成材料

第3章 ペレットを用いた成形法とその特性

を使用した．PLA樹脂のガラス転移点は58℃，融点は148℃となっている．

(2) 成形方法

成形中の簡易的な模式図を図3.6に示す．強化繊維であるケナフ繊維束を40本使用し，ボビンから引抜成形ラインに沿って引き出す．シリンダー温度を185℃に設定した押出機先端のクロスヘッドダイ内でケナフ繊維束を通し溶融したPLA樹脂を含浸させる．クロスヘッドダイから出た繊維と樹脂は150℃に加熱された金型（断面寸法15×2 mm）を通ることで余分な樹脂を取り除くと同時に含浸が促進され，また徐々に冷却されて熱可塑複合材となる．材料が金型入口を通る際，余剰樹脂が金型の入口付近に溜り引抜力が増すが，引取り機により成形速度を調節した結果，成形品の繊維体積含有率は38 %となった（表3.1）．

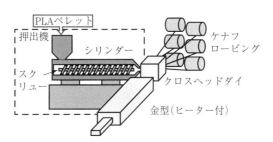

図3.6　ケナフ繊維強化FRTPの引抜成形装置概要

表3.1　ケナフ繊維強化FRTPの成形条件

引抜成形条件	
シリンダー温度	185℃
クロスヘッドダイ温度	185℃
金型温度	150℃
スクリュー回転数	3～4 rpm
引抜速度	41 mm/min

また，断面形状が15×2 mm に成形されたケナフ繊維強化 FRTP を長さ160 mm に切断し，引張試験も実施した．試験結果の詳細については第1章の表1.7 を参照されたい．

3.4 ガラスマット強化熱可塑性樹脂成形法の応用[7),8)]

押出しと引抜きを併用した FRTP の成形事例は報告が少ないが，熱可塑プリプレグやテープのような中間基材としての成形方法については押出しと引抜きを併用したいくつかの報告があるので，広義の FRTP 成形法として以下に記述する．

3.4.1 成形概要[7),8)]

熱可塑性樹脂複合材は，主に短繊維を強化材とした射出成形品が一般的であるが，比較的長繊維を用いた中間基材としてはこれまでにも実用化されており，短繊維から成るガラスマット強化形態としたガラスマット強化熱可塑性樹脂（GMT：Glass Mat reinforced Thermoplastic sheet）などが挙げられる．GMT は SMC（Sheet Molding Compound）の熱可塑性タイプとも言われる中間基材であり近年ではスタンパブルシートとしてプレス成形に用いられている．この GMT 成形方法の1つに図3.7 に示す溶融含浸法がある．まず押出成形機を用いて溶融した PP などの熱可塑性樹脂をガラスマットに供給する．また製品の上下面に熱可塑フィルムを配置しガラスマットと溶融樹脂を挟むようにしてライン上を移動し，ダブルベルトプレスによって含浸させる．ダブルベルトプレス機は加熱ゾーンと冷却ゾーンに分かれており，加熱・溶融・冷却・固化

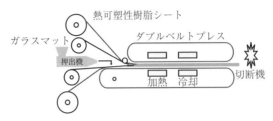

図 3.7 GMT 溶融含浸法の成形概要

を連続的に行い，GMT を成形する．

この溶融含浸法を応用し，連続繊維を強化材にすることで，連続繊維強化のFRTP が得られる．成形方法としては，クロスヘッドダイあるいは T ダイを用いて溶融樹脂をロービングあるいは繊維織物へ含浸させる．その際，ダイの出口にて形状を整えるか，ローラーを介してシート状に成形し，冷却しながら引き取る．この成形方法は，前述のクロスヘッドダイによる成形と同様であるが，形状付与のための金型を使用せず，薄いシート状の FRTP が得られることが特徴である．このシートは熱可塑プリプレグと考えることができ，中間基材として種々の応用が期待できる．しかし，ダイの出口形状やローラーのみでは含浸のための圧力が不足することから，クロスヘッドダイ内部にピンやバーを配置し含浸を促進させる研究も行われている[9)～11)]．

3.4.2 天然繊維織物を強化材とするグリーンコンポジットの成形[12)]

ここでは，ケナフ撚糸繊維の織物を強化材とした熱可塑性樹脂複合材引抜成形法および機械的特性を紹介する．

(1) 構成材料

強化材（図 3.8）にはより糸状ケナフ繊維束を平織りにしたケナフ織物，お

3.4 ガラスマット強化熱可塑性樹脂成形法の応用

カナフ繊維織物 リネン繊維織物

図 3.8 天然繊維織物

図 3.9 PBS ペレット

よび平織リネン織物を用いており，幅 150 mm のロール状に準備した．本成形では，ケナフ織物 1 プライを強化材とする FRTP を成形するため，母材には図 3.9 に示す熱可塑性樹脂のポリブチレンサクシネート（PBS：Poly Butylene Succinate）を用いた．

PBS は汎用グレードの PBS1020（昭和電工（株）製）と高流動グレードの PBS1050（同社製）を準備したが，PBS1020 での予備成形において繊維のよれや樹脂の末含浸部分が確認された．そこで温度による粘度調節が容易な PP（ノバテック製 BC06C）を用いて予備成形を行ったところ成形温度が 230℃以

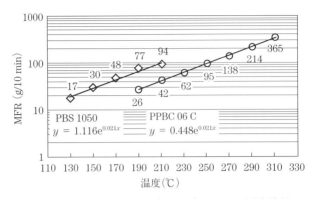

図 3.10　PBS1050 と PP（BC06C）の MFR 測定結果

上，最大で 300 ℃までの範囲で繊維のよれや未含浸部がなく，成形が可能であった．この温度域での樹脂流動特性を把握するため，メルトフローレイト（MFR：Melt Flow Rate）を測定した．測定は JIS K7210 に準拠して行い，BC06C と PBS1050 を対象とした結果を図 3.10 に示す．BC06C による引抜成形可能温度に対応する MFR は 62～244 g/10 min となり，PBS1050 の場合は 190 ℃以上が成形可能な温度となる．しかし，天然繊維を使用していることからの成形温度はなるべく低温の 190 ℃とした．

(2)　成形方法

図 3.11 に引抜成形装置の概略図を示す．PBS 樹脂を溶融する押出機（(株)テクノベル製，KZW15TTW–45MG）の先端にはクロスヘッドダイを取り付け，かつ内部形状は図 3.12 に示すように T ダイ形式とした．また，織物材を安定的にクロスヘッドダイに送り出し，かつテンションを掛けながら成形を行うために引抜ラインのクロスヘッドダイ直前にガイドとテンショナーを設置した．クロスヘッドダイに引き込まれた繊維織物は加熱溶融した PBS 溶融樹脂に含浸され，ダイ出口を通り引取り機で引き取られるまでに空冷硬化され，FRTP となる．またリネン織物を強化材とする FRTP についても同様の成形条件で

3.4 ガラスマット強化熱可塑性樹脂成形法の応用

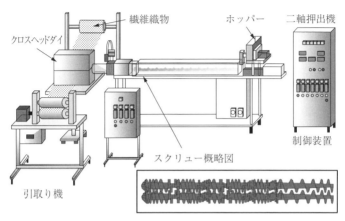

図3.11 天然繊維織物を強化材とするFRTPの引抜成形装置

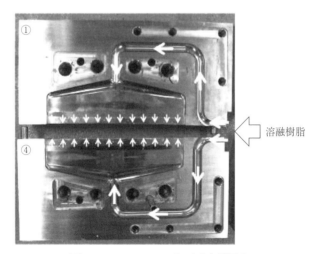

図3.12 クロスヘッドダイ内部写真

KENAF/PBS　　　　　　　　　　LINEN/PBS

図 3.13　引抜成形による FRTP

成形した（図 3.13）．

(3)　引張特性評価

　引抜法により作製した幅 150 mm，厚さ 1〜1.3 mm の FRTP を中間基材として積層材を作成し，引張試験を実施した．まず，280 mm の長さに切断した FRTP を金型（幅 160 mm，厚さ：2 mm，長さ：300 mm）内に 4 枚積層し（図 3.14），150 ℃でホットプレスした．この温度下で 1.5 MPa で 3 分間圧力を掛けながら溶融し，続いて 10.0 MPa で圧縮しながら約 10 分かけて室温まで冷却し積層材を作製した．強化材がケナフ，リネン織物である板材をそれぞれ KENAF/PBS 材，LINEN/PBS 材と記す．これらの板材を 250×25×2 mm に切断し標点間距離が 150 mm となるよう，同材料で作製した厚さ 2 mm のタブを接着した．

　引張試験は JIS K 7164 に準拠して実施した．試験片本数は 5 本，試験速度は 1 mm/min である．表 3.2 に示す試験結果は算術平均値であり括弧は標準偏差を示す．図 3.15 に KENAF/PBS 材（V_f：33 %）および LINEN/PBS 材（V_f：39 %）の引張試験における代表的な応力-ひずみ線図を示す．LINEN/PBS 材の引張強さ，弾性率は KENAF/PBS 材よりもそれぞれ約 6 割，約 3 割

3.4 ガラスマット強化熱可塑性樹脂成形法の応用

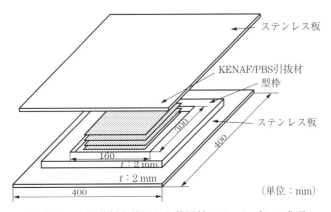

図 3.14 中間基材を使用した積層材のホットプレス成形

表 3.2 静的引張試験結果

	引張強度 (MPa)	破断ひずみ (%)	ヤング率 (GPa)
KENAF/PBS (V_f=33 %)	47.0	2.91	3.25
標準偏差	(2.461)	(0.486)	(0.245)
LINEN/PBS (V_f=39 %)	77.1	3.57	4.29
標準偏差	(2.271)	(0.133)	(0.236)

大きく,破断ひずみも3割大きかった.この研究より,MFRを成形の1つの指標として引抜材を作製することが可能であるとこが示された.さらに,この引抜材を中間基材として使用した疑似等方積層材のホットプレス成形やマンドレルに巻き付けて円筒殻の成形を実施した.疑似等方積層材は LINEN/PBS 中間基材を0～90度,±45度,±45度,0～90度の方向に4枚積層し,上述の板材と同様の条件で圧縮成形により成形した.この疑似等方性板を0度,45度,90度方向に切り出し,静的引張試験を実施した結果(表 3.3),疑似等方

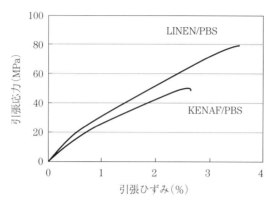

図 3.15　FRTP 積層板の応力-ひずみ線図

表 3.3　LINEN/PBS 疑似等方積層板の引張特性

方向	引張強度 （MPa）	破断ひずみ （％）	ヤング率 （GPa）
0°	53.5	3.65	2.19
標準偏差	(1.741)	(0.072)	(0.142)
45°	52.9	3.54	2.50
標準偏差	(1.034)	(0.233)	(0.087)
90°	52.7	3.85	2.17
標準偏差	(0.291)	(0.122)	(0.067)

性が確認された．また円筒殻は LINEN/PBS 中間基材を直径 100 mm のマンドレルに最外層と最内層が軸方向に対して±45度，内側2層が0〜90度となるように4層巻き付けてバギングフィルムで覆い，真空にしながら170℃の高温漕で再溶融して成形された．試作された円筒殻を図3.16に示すが，接着状態の良好な円筒殻が真空圧のみによって成形されており，中間基材として他の形状への再成形の可能性を示した．

3.4 ガラスマット強化熱可塑性樹脂成形法の応用

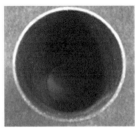

図 3.16　LINEN/PBS 中間基材を用いて作製した円筒殻

3.4.3　ガラス連続繊維強化フェノール複合材料の成形[13]

　フェノール樹脂は，難燃性，低発煙性に優れており，機械的特性やコストの面からもバランスの取れた熱硬化性樹脂であるが，フェノール樹脂の一種であるノボラック樹脂は熱可塑樹脂と熱硬化性樹脂の2つの性質を合わせ持つ樹脂である．ここで紹介するノボラック樹脂の融点は80℃であり，融点付近の温度であれば熱可塑性を示し再溶融が可能である．しかし120℃以上に加熱すると硬化剤であるヘキサミンとの反応が進み，3次元架橋反応を起こし網目状構造を取るため不溶・不融の熱硬化性樹脂となる．ノボラック型フェノール樹脂は，本来熱硬化性樹脂として使用されるため，本書の意図とは少しずれるが，押出機により溶融温度80℃でノボラック樹脂を溶融し，クロスヘッドダイを用いてガラス連続繊維へ含浸することで，熱可塑性中間基材としての成形が可能であるため，ここで紹介する．この中間基材は同一ライン上で120℃以上の加熱による硬化プロセスにより，連続繊維の熱硬化型フェノール GFRP を成形することが可能である．また，中間基材を切断・積層しホットプレスすることによる硬化プロセスで熱硬化型フェノール FRP も成形可能であることから2種類の成形材料を作成し比較している．

(1) 供試材料

実験に使用した樹脂は,粉末状ノボラック型フェノール樹脂(昭和電工(株)製 BNP-5428 93 wt %)と硬化剤であるヘキサテトラミン 7 wt %を混合し 10 MPa で圧縮して固形状態とし,それを砕きペレットとして使用した.強化繊維には,ガラスロービング(日東紡(株)製 RS 110 QL-520)を使用した.比較材料として不飽和ポリエステル樹脂(UP:Unsaturated polyester)を母材とする FRP を作成した.その際の UP にはサンドーマ 8010(ディーエイチ・マテリアル(株)製)を使用した.

(2) 中間基材の成形法

本研究のフェノール中間基材の引抜成形の概略図を図 3.17 に示す.常温で固体のノボラック樹脂を押出機により溶融し供給される.80℃に加熱されたシリンダー内で溶融した樹脂は押出機先端のクロスヘッドダイに送られる.このクロスヘッドダイの中に強化繊維のガラスロービングを通して溶融した樹脂を含浸させ,90 mm/min の引取速度で引き取ることにより中間基材を得る.

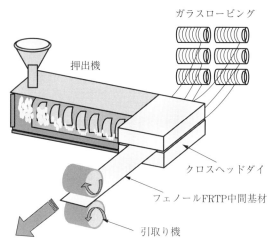

図 3.17　フェノール FRTP 中間基材成形装置

3.4 ガラスマット強化熱可塑性樹脂成形法の応用

しかし，80℃では溶融粘度の高いノボラック樹脂は容易に含浸しないため，クロスヘッドの直前に図3.18に示すようなガイドローラーを設け，ガラスロービングを開繊させ，さらにクロスヘッドダイの温度は架橋反応を起こさない限界温度である110℃とした．またクロスヘッドダイの内部は図3.19に示すように繊維通過路にテーパーを設けており，金型断面積は徐々に減少するため，

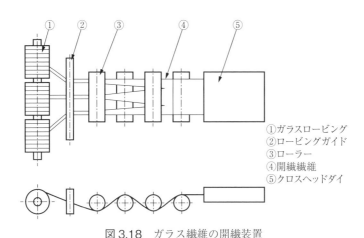

①ガラスロービング
②ロービングガイド
③ローラー
④開繊繊維
⑤クロスヘッドダイ

図3.18 ガラス繊維の開繊装置

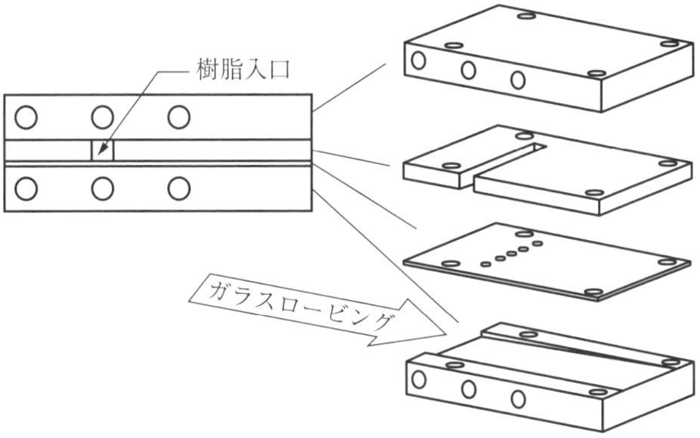

図3.19 クロスヘッドダイ

表3.4 フェノールFRTPの引抜成形条件

引抜成形条件	
シリンダー温度	80 ℃
クロスヘッドダイ温度	110 ℃
スクリュー回転速度	15 rpm
引抜速度	90 mm/min

図3.20 フェノールFRTP中間基材

上部から数カ所に分かれて押し出された余剰な樹脂が後方に流動し,型内における樹脂圧力を誘導し,繊維束への樹脂含浸を促進する.最終的に中間基材の厚みとなるクロスヘッド出口の寸法は型形状追従性と含浸性を考慮し,0.3 mmに決定した.表3.4に成形条件を,中間基材の外観を図3.20にそれぞれ示す.未含浸部は見られず,繊維束は均一に分散されており,厚さも0.3 mmで一定あった.また,繊維体積含有率(以下,V_f)を算出した結果,V_fは平均で38 %であった.

(3) ホットプレスおよび引抜成形による硬化

ホットプレス成形では,中間基材を290 mmの長さに切断し,金型(300×300×2 mm)内に0°方向に8枚積層し150℃に加熱した型内で5 MPa・10分間圧力を負荷し,一方向の板材(以下,ホットプレス成形品)を作製した.ホットプレス成形品の外観写真を図3.21に示す.成形品表面には光沢があり,

3.4 ガラスマット強化熱可塑性樹脂成形法の応用

表面

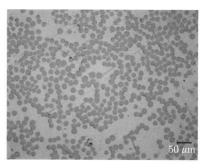
断面顕微鏡写真

図 3.21 ホットプレスによるフェノール FRP 外観および断面観察

図 3.22 引抜成形によるフェノール FRP

膨れ，ひけなどの外観不良は観察できなかった．さらに，空洞率を算出した結果，空洞率は 1.5 % であった．

次に引抜成形の金型には予備成形金型（入口部：40×2 mm，出口部：15×2 mm）と硬化用金型（15×2×150 mm）の 2 種類の金型を用いた．予備成形金型では，ノボラック樹脂の溶融温度まで加熱し，金型入口には V_f を向上させるためのテーパー部が設けてあり，最終成形品断面よりも多く中間基材を充填することができる．しかしテーパー部を設けた場合，金型を硬化反応温度以上にすると滞留した余剰樹脂が硬化し，連続成形が困難となるため，硬化反応の生じない 110 ℃に決定した．硬化用金型の温度は 150 ℃とし，引取速度 80 mm/min で引き抜いた．引抜成形品の外観写真を図 3.22 に示す．成形品表面はホットプレス成形品と比較すると光沢は見られなかったが，平滑で断面

寸法も均一であった．また空洞率においては 6.8 ％となり，ホットプレス成形品と比較すると若干高くなった．

(4) 静的引張試験

成形品の引張特性を評価するために，JIS K 7165 を参考に静的引張試験を行った．試験片形状は 15×2×250 mm の短冊状に標点間距離 150 mm になるようエポキシ GFRP 製のタブを接着し，試験片本数は各 5 本，試験速度は 1 mm/min とし，試験温度は 25, 100, 150, 200 ℃で実施した．各温度における引張強度およびヤング率を図 3.23 に，常温と 150 ℃における代表的な応力-ひずみ線図を図 3.24 にそれぞれ示す．ホットプレス成形品に対し，引抜成形品がより高い引張強度を示した要因として，引抜成形は金型内に繊維を引きそろえて導入する成形法のため，高強度が実現できたと考えられる．また，フェノール GFRP は UP GFRP と比較し，より高いヤング率を示したが，引張強度は劣った．これは，UP 自体の引張強度と破断ひずみがフェノール樹脂の値より高いためだと考えられる．またフェノール GFRP，UP GFRP 共に試験温度上昇に従い引張強度は線形的に低下するが，100 ℃では各フェノール GFRP は UP GFRP 強度より大きくなり，温度の上昇とともに各フェノール GFRP の強

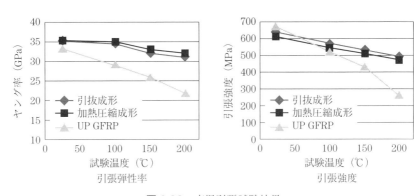

図 3.23　高温引張試験結果

3.5 押出ラミネート法の応用

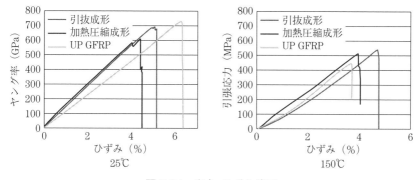

図 3.24 応力-ひずみ線図

度保持率が高く顕著になった．平均ヤング率は 25〜200 ℃の全ての温度条件でフェノール GFRP が高い値を示した．

以上のように，常温で固体のノボラック樹脂を母材とする引抜成形法を押出機の併用により可能としており，ガイドローラーやクロスヘッドダイ形状を工夫することにより含浸を促進させ，機械的特性に優れた引抜材が得られることを示した．

 ## 押出ラミネート法の応用

菓子などの個装に用いられるポリエチレン被覆セロファンやポリエチレン被覆アルミ箔などは多層フィルムであり，その製造方法を押出ラミネート法あるいは押出積層法という[14]．一般的な押出ラミネート法の概略図を図 3.25 に示す．成形方法としては，押出機により溶融混練した熱可塑性樹脂を送り出し，別途クリールから引き出されたフィルムやアルミ箔の上に流し，圧着ロールと冷却ロールを通して貼り合わせることで多層フィルムとする．また近年では複数の

第3章 ペレットを用いた成形法とその特性

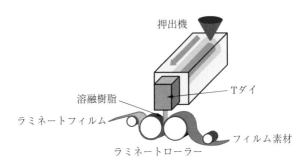

図3.25　押出ラミネート法の成形概要

押出機を使用して多層フィルムを同時に成形する方法も開発されている．

　この押出ラミネート法を複合材の成形に応用して，熱可塑CFRTPの中間基材の成形が検討されている[15]．押出ラミネートにおいて挿入されるフィルムの代わりに炭素繊維織物を使用し，フィルム成形押出機より押出されたPPを母材として使用する．溶融したPPは加熱したローラーを通る過程で炭素繊維織物に含浸される．炭素繊維と樹脂の接着性を剥離試験により評価し，成形に適したTダイの位置とローラー温度を決定している．また同原料を用いてフィルムスタッキング法により成形されたスタンパブルシートと押出ラミネートによるスタンパブルシートを比較しており，曲げ強度はほぼ同じであるがボイド率が低下することが報告されている．

参考文献

1) 山本博利，曾根忠利：最近のプラスチック成形技術，機械学会誌，88（800），(1985) 753-759
2) 奥村欽一，浅井俊博：長繊維強化熱可塑性樹脂の自動車部品への適用，神戸製鋼技報/Vol.47, No.2（1997）73-76
3) A.Jacob：Pultrusion update, Reinforced Plastics, Vol.48, Issue 6（2004）30-32
4) C.Edwards：Thermoplastic pultrusion promises new synergies, Reinforced Plastics, Vol.45, Issue 4（2001）34-39
5) 倉橋正悟，邉吾一，平林明子：ポリプロピレンと開繊を施した一方向炭素繊維

3.5 押出ラミネート法の応用

を用いた先進熱可塑性複合材料の開発および評価,日本機械学会平成26年度関西支部講演会 PS, 2015
6) 邉吾一,松田匠,上野雄太:引抜成形法によるケナフ繊維グリーンコンポジットの開発と機械的特性,日本複合材料学会誌,Vol.36 No.2,(2010) 41-47
7) 監修 福田博他:新版複合材料の技術総覧,産業技術サービスセンター (2011) 349-357
8) 野村昌:コンパウンド複合材料,日本複合材料学会誌,Vol.18 No.6,(1992) 219-225
9) P.Peltonen, P.Tormala:Melt impregnation parameters, Composite Structures, 27 (1994) 149-155
10) R.Marissen, L.Th.Van der Drift, J.Sterk:Technology for rapid impregnation of fiber bundles with a molten thermoplastic polymer, Compos. Sci. Tech., 60, (2000) 2029-2034
11) R.J.Gaymans and E.Wevers:Impregnation of a glass fiber roving with a polypropylene melt in a pin assisted process, Composites Part A, 29A, (1998) 633-670
12) G.Ben, A.Hirabayashi, Y.Kawazoe:Evaluation of quasi-isotropic plate and cylindrical shell fabricated with green composite sheets, Advanced Composite Materials, Vol.22, Issue6 (2013) 377-387
13) 森悠介,邉吾一,平林明子:引抜成形法による難燃性フェノール複合材料の開発と力学特性評価,第55回構造強度に関する講演会 (2013) pp.257-259
14) 山之上謙一:ラミネート繊維製品,繊維工学,Vol.19 No.11,(1996) 26-31
15) 木水貢,奥村航,多加充彦:熱可塑性CFRP中間基材の製造技術及び加工技術に関する検討,強化プラスチックス,Vol.60, No.10,(2014) 18-22

第4章

コミングルヤーンを用いた
成形法とその特性

熱可塑性樹脂をマトリックスとする複合材料のポイントは，繊維束への樹脂の含浸である．そのために考えられる中間素材の1つが混繊糸（Commingled Yarn, CY）である．これは強化繊維束と樹脂を繊維化した繊維束を混ぜ合わせたものである．しかし単に混ぜ合わせるのではなく，強化繊維束を開繊しその間に樹脂繊維を挿入することが必要である．そうすれば強化繊維と樹脂が隣り合わせに存在するために含浸性は極めて高いことになる．つまり樹脂が含浸していくための距離，含浸距離が短いということである．図 4.1 にこれらのことを模式的に表してある．ここでは次節以降で述べる結果のまとめを示すことにする．それは含浸するためにいかに強化繊維束を開繊することが必要かということである．図 4.1 に示すように，強化繊維束と樹脂繊維束を単に引きそろえだけの引きそろえ糸（Uncommingled Yarn, UY）を開繊してその間に樹脂繊維を挿入した混繊糸（Commingled Yarn, CY）を用意した．さらに UY において，強化繊維を開繊したもの（UY-S）があるが，これは混繊されていない．そして通常の方法として強化繊維束を樹脂フィルムで挟み込み圧力と温度を掛け成形するフィルムスタッキング（Film Stacking, FS）である．これら

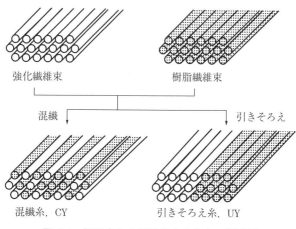

図 4.1　混繊糸および引きそろえ糸の模式図

第4章 コミングルヤーンを用いた成形法とその特性

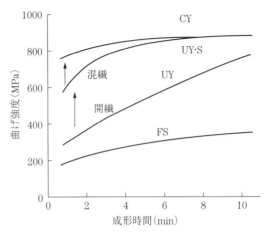

図4.2 成形時間と曲げ強度の関係

の材料を用いて一方向材を作製しその曲げ強度を測定した．樹脂の溶融温度以上で圧力を負荷した時間を成形時間とし，成形時間と曲げ強度の関係を示したのが図4.2である．横軸は成形時間である．FSのデータを見ると成形時間が増加するにつれ曲げ強度も増加するが，300 Mpa以下で一定値に達しているように見える．それに対して樹脂繊維束と強化繊維束をそろえたUYでは大きく強度が増加しており，成形時間の増加に対しての強度の増加もFSと比べると大きい．FSとUYを比べると含浸距離がFSの方が大きいことは明らかである．さらに注目すべきデータはUY-Sである．引きそろえている強化繊維が開繊している．開いている材料では短い成形時間での曲げ強度が大きく増加しておりかつ長い成形時間での強度もUYと比べて高くなっている．UYとUY-Sの違いは開繊である．つまり開繊効果である．この工夫がいかに大きいかが分かる．そしてCYは更に短い時間での強度が向上している．つまりCYを用いると短い成形時間で高い強度の複合材料（Composite Material, CM）が得られることになる．次節以下の詳細なデータを見ていただいて混繊の効果，混繊である故に含浸が良いことによる問題などの点の理解をして頂ければ幸いである．

4.1 曲げ強度に及ぼす混繊効果

ポイントは含浸，そしてそのための工夫は開繊，さらにその上の工夫が混繊である．

 曲げ強度に及ぼす混繊効果

熱可塑性樹脂をマトリックスとする複合材料は熱硬化性複合材料に比べ，物性や生産などの多くの面で優れており，熱可塑性樹脂を用いることにより熱硬化性複合材料における種々の問題をダイナミックに解決することができる可能性を秘めている．しかしながら，熱可塑性樹脂には溶融時の粘土が極めて高いため，含侵特性が劣るという大きな問題が存在し，いかにして効率よく高粘度の熱可塑性樹脂を含侵させるかが，この分野の技術的なポイントであると考える．

この含侵特性を向上させるために，従来から行われているプリプレグ（Pre-pregging），フィルムスタッキングに代わり，強化繊維と熱可塑性樹脂繊維を混交織したコウーブン・ファブリック（Co-woven Fabric）[1]，強化繊維の周りに熱可塑性樹脂粉末をまぶしたパウダーコーテッドヤーン（Powder Coated Yarn）[2]，強化繊維と熱可塑性樹脂繊維を混繊した混繊糸[3,4]など様々な成形材料が検討されている．従来の熱可塑性複合材料のプリプレグは板状であるために複雑形状の物の成形が困難とされている．これに対し，上記の素材はドレープ性に富むために複雑形状の物の成形が可能であり，この面でも大いに期待されている成形材料である．

本節では，まず，熱可塑性樹脂繊維と強化繊維を混繊したCYを使用し，混繊状態の定量的評価方法の提案を行う．次に，ガラス繊維強化熱可塑性複合材料の一方向強化材を作成し力学的特性に及ぼす成形条件の影響について，混繊

されずに束ねられただけの UY と比較しながら検討を行った.

4.1.1 材　料

マトリックス繊維には結晶性のナイロン 6（PA6）繊維を，強化繊維にはガラス繊維をそれぞれ用いた．含浸特性における混繊効果を把握するために，強化繊維とマトリックス繊維が混繊された CY，および強化繊維束とマトリックス繊維束が混繊されずに束ねられただけの UY について検討を行うことにした．CY および UY の繊維体積含有率（V_f）は 40 ％とした．

4.1.2 混繊状態の定量化

混繊状態によって含浸特性は異なり，その結果混繊状態が力学的特性にも影響を及ぼすと考えられる．また，これらの成形材料は 1 本の繊維束で扱われることは少なく，より実用的なデータを得るためには集合体としての混繊状態を把握することが重要と考え，測定は成形前の状態について行った．測定原理として顕微鏡下において透過光による観察を行うことにより，マトリックス繊維に比べ，ガラス繊維の方が光をより良く透過するために明るく輝いて見えることを利用した．

(1) サンプルの作製

成形前の状態の繊維束を固定し切断した後，エポキシ樹脂に包埋固定化した後研磨を行った．この際，包埋樹脂部，すなわちエポキシ樹脂を透過する光を遮断するために包埋樹脂にカーボンパウダーを混入した．研磨されたものから剥片を切り出し，これを測定サンプルとした．

4.1 曲げ強度に及ぼす混織効果

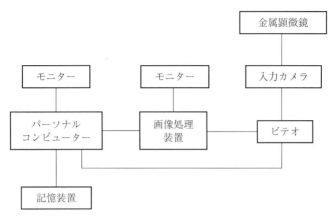

図 4.3 画像解析システム

(2) 解析方法

図 4.3 に画像解析システムを示す．顕微鏡下においてサンプル面全体を走査して 50〜60 画面に分割し，顕微鏡に接続された CCD カメラを通じてビデオテープに記録した．それぞれの画像に対して画像解析システム（PIAS, LA-500）により解析を行った．

画像解析システムは入力した白黒画面を 512×512 の画素数に分割し，1 画素の輝度値を黒から白（0〜255）の 256 段階の電気信号としてコンピューターに取り込み解析を行うものである．

解析手法は記録された画像において，マトリックス繊維の輝度値が 223 以下の値であるため，輝度のしきい値を 223 として二値化を行うことによりガラス繊維の占める面積を各画像について求めた．また，ガラス繊維 1 本が単独で存在している場合，および 1 つの塊となって存在している場合のいずれの場合にも，本画像解析システムにおいては"測定個数＝1 個"として認識され，ガラス繊維として認識される個数も各画像について求めた．

第4章 コミングルヤーンを用いた成形法とその特性

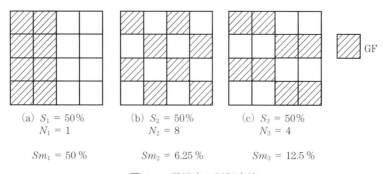

(a) $S_1 = 50\%$
$N_1 = 1$
$Sm_1 = 50\%$

(b) $S_2 = 50\%$
$N_2 = 8$
$Sm_2 = 6.25\%$

(c) $S_3 = 50\%$
$N_3 = 4$
$Sm_3 = 12.5\%$

図 4.4 混繊率の評価方法

(3) 混繊状態の評価方法

分割された各画像のガラス繊維の占める面積 Si($S_1, \cdots, S_n$)と個数 N_i($N_1, \cdots, N_n$)から n 個の画像それぞれについて平均面積 Sm_i($Sm_1, \cdots, Sm_n$)を求めた.

$$Sm_i = S_i/N_i \quad (i=1, \cdots, n) \tag{4.1}$$

平均面積 Sm_i から n 個の画像の平均値 Sm を求めた.

$$Sm = \sum_{i=1}^{n}/n \tag{4.2}$$

Sm_i の平均値 Sm から等価円直径 D を求めた.

$$D = (4Sm/\pi)^{1/2} \tag{4.3}$$

図 4.4 に混繊状態の評価方法を示す. 分割された各画像におけるガラス繊維の面積 (S_i : I = 1, 2, 3) を各画像に占めるガラス繊維の測定個数 (N_i : i = 1, 2, 3) で除した値である平均面積 Sm_i (i = 1, 2, 3) の値が小さいほど各画像におけるガラス繊維部の大きさが小さいことを意味する. したがって, ガラス繊維の占める面積 (S_i) は等しいが測定個数 (N_i) が異なる場合でも, Sm_i を比較することにより混繊状態の違いを評価することが可能である.

そこで, 分割された等価円直径 D を求めることにより, CY と UY について混繊状態の定量化を行い, 比較評価を試みた.

4.1 曲げ強度に及ぼす混繊効果

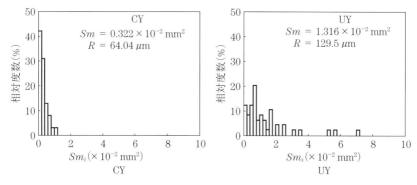

図 4.5 平面面積 (Sm_i) の相対度数分布図

(4) 解析結果

図 4.5 は CY および UY についての平均面積 (Sm_i) の相対度数分布図を示したものである．UY においてガラス繊維の測定個数の総数は，1,851 個であるのに対し，CY では，8,442 個であった．また，分布の平均値 Sm および等価円直径 D の値も併せて記した．CY の平均面積の分布は約 $1\times10^{-2}\,\mathrm{mm}^2$ 程度までの範囲に存在しており，左に片寄ったシャープな分布形状を示す．それに対して，UY では $2\sim7\times10^{-2}\,\mathrm{mm}^2$ の広い範囲に存在し，なだらかな分布形状を示し，CY と比べると明らかに異なることが分かる．$2\times10^{-2}\,\mathrm{mm}^2$ の面積は約 150 本のフィラメントに相当するため，UY において 1 個当たり $2\sim7\times10^{-2}\,\mathrm{mm}^2$ の値が存在することはガラス繊維がかなり大きな塊となって存在していることを意味している．これは等価円直径 D の値からも明らかである．

以上のような解析結果より，本手法により混繊状態を定量的に評価することが可能となった．

4.1.3 力学的特性に及ぼす成形条件の影響

(1) 試験片の作製および試験方法

図 4.6 に本研究における試験片の作成方法を示す．繊維束を金属製の枠に一方向に巻き付け，金型を用いて圧縮成形機により加熱加圧することによりガラス繊維強化熱可塑性複合材料の一方向強化材を作製した．ここで用いた金型が繊維軸方向に解放されているため，マトリックスの流出を考慮して中央部より切り出し試験片とした．

図 4.7 に試験片形状および試験方法を示す．JIS K7055 に準拠し，$L/h = 16$，クロスヘッドスピード 1 mm/min として三点曲げ試験を行った．試験はイン

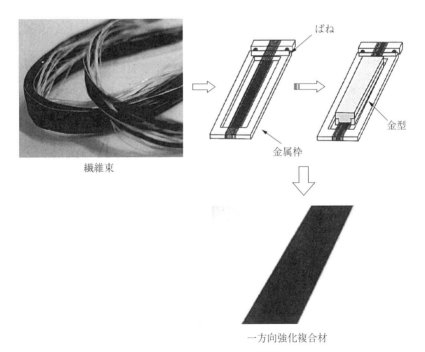

図 4.6　試験片の作製方法

4.1 曲げ強度に及ぼす混繊効果

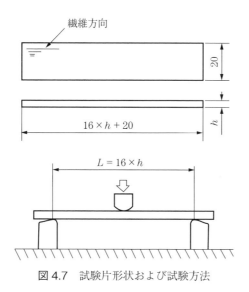

図 4.7 試験片形状および試験方法

ストロン万能試験機 4206 型を用い，常温で行った．

(2) 成形圧力の影響

a. 成形条件

表 4.1 に成形条件を示す．成形時の圧力を 0.5〜6.0 MPa までの5段階に変化させた．加圧時間 tc は 10 分間とし，冷却は加圧後金型全体を空気中に放置することによりゆっくりと冷却を行う徐冷とした．

表 4.1 成形条件

繊維束	混繊糸		引きそろえ糸		
tc (min)			10		
成形圧力(MPa)	0.5	1.0	2.0	4.0	6.0
冷却方法			徐冷		

b. 実験結果

図4.8に曲げ強度と成形圧力の関係を示す．UYの場合，成形圧力の低い領域において，圧力が高くなるにつれて曲げ強度が増しているのに対し，CYにおいては低い圧力で速やかに曲げ強度が立ち上がっていることが分かる．また，CYの曲げ強度はUYのそれに比べると，本実験の全圧力範囲においてはるかに高い値を示している．これは，UYではガラス繊維が大きな塊となって存在するために，圧力を高くしても十分な含侵が行われにくいのに対し，CYはUYに比べガラス繊維が分散しているために，マトリックス樹脂の含侵がより速やかに進行することの基づくものであると考えられる．

一方，成形圧力の高い領域において，CYの曲げ強度が漸増する傾向が認められる．実験時の観察から，これらの圧力領域においてマトリックス樹脂の流

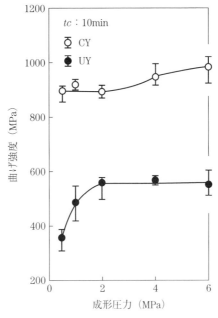

図4.8 曲げ強度と成形圧力の関係

出が増大したため,繊維含有率の測定を行ったところ,設定した含有率からかけ離れた値になっていることが認められた(2.0 MPa までの圧力では48.3 %,6.0 MPa では55.3 %にも達した).

このことから,曲げ強度の増大はマトリックス樹脂の流出により繊維含有率が増大したためであると考えられる.

したがって,UY に比べると含侵性に優れた CY は,低い圧力においてもマトリックス樹脂の十分な含侵とそれに基づく高い曲げ強度を得ることができる.また,CY に対して過剰な成形圧力を加えることは,含侵の完了したマトリックス樹脂の不必要な流出を招き,繊維含有率が設定値からかけ離れた値を示す恐れのあることが示唆された.低い圧力でも含侵が速やかに行われ,高いレベルで曲げ強度が立ち上がっていることから,むしろ CY においては曲げ強度の成形圧力依存性が非常に少ないと考えられる.

(3) 加圧時間の影響

a. 成形条件

表 4.2 に成形条件を示す.前述の結果により CY は低い圧力においても含侵が十分に行われることから,成形圧力は 0.5 MPa とし,加圧時間を 1~10 分までの 4 段階に変化させた.また,熱電対により成形中の材料内部の温度を測定したところ,徐冷の場合,冷却を始めてから材料内部の温度がマトリックス樹脂の融点以下の温度に達するまでに,かなりの時間を要することが分かった.そこで,一定時間の加圧を行った後,金型全体を 0 ℃に保たれた氷水に浸漬し

表 4.2 成形条件

繊維束	混繊糸		引きそろえ糸	
t_c (min)	0.5			
圧力(MPa)	1.0	3.0	5.0	10.0
冷却方法	急冷			

第4章　コミングルヤーンを用いた成形法とその特性

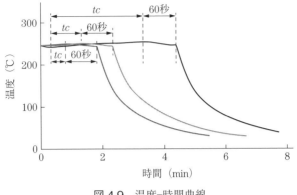

図4.9　温度-時間曲線

冷却を行うことにより，加圧時間 tc の厳密なコントロールに努め，その影響について検討を行った．図4.9に温度-時間曲線の一例を示す．

b. 実験結果

図4.10にCYおよびUYの曲げ応力-変位曲線を併せて示す．UYの場合，0.5 MPaという圧力では加圧時間が10分の場合でも含侵が不十分であるため，CYに比べ緩やかな傾きで荷重は増大する．CYでは加圧時間 tc が短いときには最大荷重を示した後，段階的に荷重は低下するが，加圧時間 tc が長くなるにつれて急激な荷重低下を示す傾向にある．

曲げ試験後の試験片を観察するとCYでは tc が短い場合は試験片の圧力側にバックリングが見られ多くのクラックが発生し破壊に至っているが，tc が長くなるにつれてバックリングが見られないようになり，またクラックの数も減少し，破壊は圧縮側から引張側へと移行していることが認められた．一方，UYではいずれの場合にも曲げ変形を示すのみであり，破壊様相の変化は認められなかった．図4.11に曲げ強度と加圧時間 tc の関係を示す．CYとUYでは明らかに強度に差があることが認められる．また，試験前の試験片断面を観察したところ，UYの方が tc が長いにもかかわらず，大きな未含侵領域が存

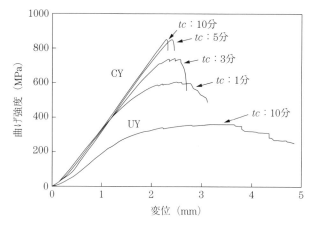

図 4.10　曲げ応力-変位曲線

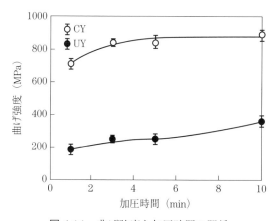

図 4.11　曲げ強度と加圧時間の関係

在し，含侵が不十分であることが認められた．

したがって，CY と UY という形態の違いにより破壊様相および曲げ強度が異なるのは，マトリックスの含侵状態の違いによるものと考えられる．

次に，CY において tc とともに破壊様相が変化するのも，マトリックスの含侵状態の違いによるものと考え，同様に試験片断面の観察を行った．図 4.12

第4章 コミングルヤーンを用いた成形法とその特性

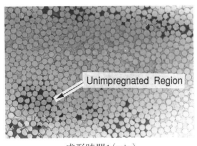
成形時間1(min)

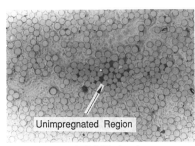
成形時間3(min)

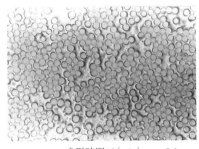
成形時間10(min)　0.1 mm

図4.12　試験片断面の観察（CY）

にその観察結果を示す．tc が短い場合には，巨視的には含侵しているように見えても微少な未含侵領域はほとんど見られなくなることが分かる．

したがって，マトリックス繊維と強化繊維の混繊状態の違いによってマトリックスの含侵挙動は大きく異なり，破壊様相並びに力学的特性に大きく影響することが明らかとなった．また，加圧時間が長くなるほど，マトリックスが強化繊維周りに入り込むようになり，その結果強化繊維が荷重を負担する割合が増すために力学的特性の向上が見られる．

(1)　CYは低い圧力でしかも短時間の成形でマトリックスは含侵し，優れた力学的特性を発揮する．

(2)　マトリックス繊維と強化繊維の混繊状態が含侵特性に大きく影響するが，その混繊状態を画像解析システムを用いることにより定量的に評価

4.2 繊維軸方向曲げ特性と含浸挙動

することが可能となった．

4.2 繊維軸方向曲げ特性と含浸挙動

本節においては，含侵特性に優れた混繊糸複合材の一方向強化材について，繊維軸直交方向の曲げ試験を行い，繊維/マトリックス界面が曲げ特性に及ぼす影響について検討を行った．

4.2.1 実験方法

使用した材料は前節と同様のガラス繊維とPA6繊維から構成されるCYである．繊維体積含有率（V_f）は40％とした．

試験片の作成方法は前節に示したのと同様に，繊維束を金枠に一方向に巻き付け圧力成形機を用いて加熱・加圧することによりガラス繊維強化熱可塑性複合材料の一方向強化材を作製した．表4.3に成形条件を示す．成形圧力を0.5, 2.0, 6.0 MPaの3段階，加圧時間 tc を1, 3, 5, 10, 20分の5段階とした．

試験片の幅，長さ，厚さはそれぞれ6, 20, 2 mmとした．スパンは16 mmとし，毎分1 mmの変位制御の下で，3点曲げ試験を行った．試験はインストロン万能試験機4206型を用い，常温で行った．

表4.3 成形条件

成形圧力(MPa)	0.5		2.0		6.0	
tc （min）	1.0	3.0	5.0		10	20
冷却方法			急冷			

4.2.2 実験結果

図4.13 (a), (b) にそれぞれ成形圧力が 0.5 MPa および 2.0 MPa の場合の曲げ応力-変位曲線を示す.圧力が 0.5 MPa の場合,加圧時間 tc が短いと緩やかな傾きで応力が増大し,低いレベルで最大曲げ応力を示した後一定の値を示す.加圧時間 tc が長くなるにつれて傾きが大きくなり最大応力もまた増加していることが分かる.また,最大応力を示した後の応力低下が tc によって異なり,tc が短い場合は緩やかであるが,tc が長くなるにつれ急激になることが分かる.成形圧力が 2.0 MPa と高くなると,0.5 MPa の場合と比べ,最大応力が高くなるとともに上述した最大応力を示した後の応力低下の傾向は,より顕著となっている.

図4.14に曲げ試験中の破壊の様子を観察した結果を模式的に示す.tc が短い場合,亀裂は試験片の引張側から折れ曲がりながら進展することが観察された.

図4.15に曲げ強度と加圧時間 tc の関係を示す.いずれの成形圧力においても,曲げ強度は tc の増加に従い緩やかに増大する.2.0 MPa および 6.0 MPa の場合も曲げ強度は tc の増加に従い tc が 10 分位までは増大し,tc が 10 分より

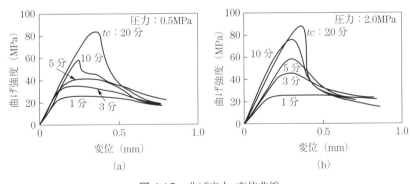

図4.13　曲げ応力-変位曲線

4.2 繊維軸方向曲げ特性と含浸挙動

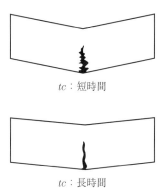

tc：短時間

tc：長時間

図 4.14　破壊様相の模式図

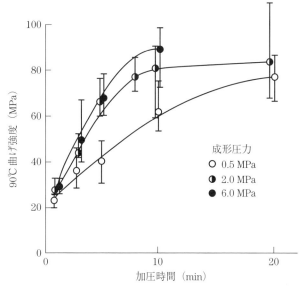

図 4.15　曲げ強度と加圧時間の関係

長くなると曲げ強度は高い値を示す．また，圧力が高くなるほど曲げ強度は高い値を示す．特にマトリックスの強化繊維周りへのまわり込みが十分であると考えられる tc の長い領域において圧力依存性を示すことが分かる．

そこで 90° 曲げ強度に及ぼす加圧時間および圧力の影響について見るために，曲げ試験後の破面を走査型電子顕微鏡（SEM，T300　日本電子㈱）により観察を行った（図 4.16）．成形圧力が 0.5 MPa，加圧時間 tc が 1 分の場合，ガラス繊維表面にマトリックスはほとんど付着していないが，tc が 20 分になると，繊維表面のマトリックス付着量が増していることが分かる．圧力が 2.0 MPa，tc20 分になると，マトリックスの付着量が更に増していることが分かる．以上のことより加圧時間，成形圧力の増大につれて繊維/マトリックス界面の接着性が向上していると考えられる．

成形圧力0.5(MPa)
成形時間1(min)

成形圧力0.5(MPa)
成形時間20(min)

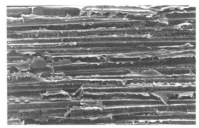

成形圧力2.0(MPa)　100 μm
成形時間20(min)

図 4.16　曲げ試験後の破面の SEM 写真

4.2.3 考察

 繊維/マトリックス界面に及ぼす成形条件の影響を明らかにするために，成形段階での界面状態について検討した．

 図 4.17 は試験を行う前の繊維軸方向に垂直な断面を観察したものである．tc が 1 分および 10 分のいずれの場合にも，繊維/マトリックス界面に剥離が生じていることが認められる．tc が 1 分の場合，界面部の剥離が連なり繊維に沿った亀裂となり，これらの亀裂が互いに分岐して一面に広がっていることが観察された．一方，tc が 10 分の場合，繊維に沿った亀裂が一面には見られず亀裂の数は極めて少なくなり，亀裂の幅も小さくなっていることが観察された．

 このような成形時に生じる亀裂の観察を破面全体について行ったところ，図 4.18 に示すように，亀裂は試験片断面において試験片長手方向端部の厚さ方

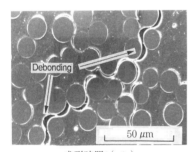 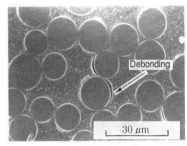

成形時間 1 (min) 　　　　　　　　　成形時間 10 (min)

図 4.17　試験片断面の観察

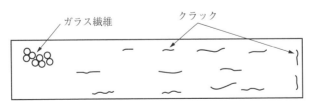

図 4.18　熱応力による亀裂発生の模式図

第4章　コミングルヤーンを用いた成形法とその特性

向に生じた亀裂以外は，全て試験片長手方向に亀裂が入っていた．亀裂は試験片作製時の冷却課程において生じる温度勾配に対し垂直な方向に生じることから，繊維周りの亀裂は冷却時の樹脂の収縮によって生じる熱応力によるものと考えられる．

また，繊維が他の繊維と触れずに単独で存在する場合，繊維周りには剥離程度のものしか見られず，亀裂の成長は見られなかった．それに対し，図4.19に示すように亀裂は繊維が密になっているところに生じやすく，繊維周りにおいて亀裂の幅が成長する方向は繊維と繊維の間よりもむしろ繊維という障害物の存在しない方向であることが観察された．このように亀裂発生個所が限定されていることは次のように説明できる．樹脂に囲まれた1本の繊維に対し，樹脂の収縮は繊維/マトリックス界面に対して垂直に作用し，逆に，密に並んだ繊維束間の樹脂の収縮は，繊維/マトリックス界面に横切る方向で樹脂中に引張応力を引き起こす．したがって，樹脂の収縮によって生じる引張応力に耐え切れない界面が形成されている場合には，繊維の密な部分で亀裂が生じやすいことになる．このことと図4.17の観察結果を照らし合わせると，加圧時間が

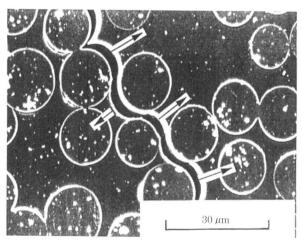

図4.19　熱応力方向の説明

長いほど，強固な界面が作られていることになり，これが曲げ強度の向上をもたらす．

　この2つの成形条件の因子のうち加圧時間については，加圧時間が長いほど，繊維の周りに樹脂のまわり込みが十分になされるために界面特性が向上すると考えられる．一方，成形圧力の影響は，界面の微視的な構造と関連しているものと推察される．強化繊維には，マトリックスとのぬれ性や接着性の向上のためにカップリング剤処理が施されている．本材料も適切と考えられている処理が施されている．強化繊維の界面に処理されたカップリング剤は均一に付着しているのではなく，その官能基の構造とガラス繊維との化学反応およびカップリング剤同士の化学反応による結合などにより極めて微視的には，凹凸があると考えられ，筆者の一部が行ったガラス繊維強化エポキシ樹脂を対象とした界面構造に関する研究においては，この凹凸を示唆する結果が得られている．これをここでは「界面分子構造モデル」と名付けると，それに対して界面にシランカップリング剤などが均一に付着しているという考えは，「界面層構造モデル」と呼ぶことができ，多くの研究者が提案している．

　さて熱可塑性樹脂をマトリックスとする複合材料においては，カップリング剤とマトリックスとの間では熱硬化性樹脂に見られるような化学反応は基本的には生じない．界面分子構造モデルのように界面での凹凸があると粘度の高い熱可塑性マトリックスが高い圧力により，よりよく界面相に充填されると考えられる．それにより接着性が向上され，強固な界面が生成される．しかし，界面層構造モデルにおいては成形圧力によって界面状態が変化するとは考えにくい．したがって，このような微視的な界面の構造を考えることにより，本研究で得られた熱可塑性複合材料における成形圧力の力学的特性への影響が説明できることになる．この微視的な界面の構造とは通常のSEMの観察では得られない程度のミクロな現象である．さらに成形圧力の依存性が小さいボイドなどの存在が問題となる従来からの長繊維強化熱可塑性複合材料の成形方法では論じることのできない結果であり，CYのように極めて含浸性の良い材料を用い

た結果より導き出されるものであることを最後に付け加えておく．

　ガラス繊維とナイロン樹脂繊維とから成る CY を用いて一方向長繊維強化熱可塑性複合材料を作製し，その繊維軸直交方向曲げ特性について検討した結果，以下のような結果が得られた．
　(1)　加圧時間が長くなるにつれ，成形圧力が高いほど曲げ強度は向上する．
　(2)　成形時にマトリックスの収縮による繊維/マトリックス界面に亀裂が生じ，その発生個所は繊維が密集した部分である．
　(3)　界面構造を考慮することにより亀裂発生および力学的特性に及ぼす成形圧力の影響が説明できた．
以上の結果を踏まえて強化繊維の表面処理を変化させた場合の力学的特性への影響については今後検討する．

参考文献

1) Y. Suzuki and J. Saitoh：34th International SAMPE Symposium, 2031（1989）
2) T. Hartness：J. of Thermoplastic Composite Materials, 1, 210（1988）
3) A. Morales, J. N. Chu, P. Fang and F. K. Ko：44th Annual Conference, SPI, 1459（1989）
4) Z. Maekawa, A. Yokoyama, H. Hamada, T. Matsuo and T. Toida：1st Japan International SAMPE Symposium, 1327（1989）

第5章

混織ファブリックを用いた成形法とその特性

様々な形態の繊維加工品で強化されたテキスタイル強化複合材料（Textile Composites）は，製品の要求性能に応じて繊維配向の最適化が可能であり，また，最終成形品を形成することが可能なニアネットシェイプ（near-net-shape）技術を実現化する．織，編，組は昔からよく用いられてきた伝統技術であるが，我が国ではこれらに対してあまり明確な区別もせず，混同して用いられることがしばしばある．英語では，interlacing, interlooping, intertwiningという単語で区別されている．織物は，一般には繊維束をたて方向とよこ方向に，直角に交差するように織り込んだもの，編物は，たて方向あるいはよこ方向にループを連結させたもの，組物は，3本以上の繊維束が長手方向に対して斜めに配向し，切断されることなく連続しているもの，と定義されている[1]．これらのテキスタイル加工技術は，その作製機構およびテキスタイル構造が大きく異なり，それぞれに優れた特徴を有する．

　熱可塑性樹脂を母材樹脂とし，連続繊維を強化繊維とした連続繊維強化熱可塑性樹脂複合材料は，熱硬化性樹脂複合材料に比べリサイクル性能や2次加工性能を有し，繊維が連続しているため強化繊維の強度を最大に生かすことができることから，自動車や航空機向け構造材料として，大幅な需要の拡大が期待されている．さらに，成形時に樹脂の化学変化を伴わず，短時間で成形可能であるため，高速成形加工が可能な材料としても注目を浴びている．このような状況において，連続繊維強化熱可塑性樹脂複合材料の強化形態として繊維加工品の使用が検討されている．しかしながら，熱可塑性樹脂の溶融粘度は，硬化前の熱硬化性樹脂と比較して，極めて高い．熱硬化性樹脂としてエポキシ樹脂，熱可塑性樹脂としてナイロン（PA6）樹脂を例に取ると，前者は数十 Pa·s であるのに対して，後者は数百～数千 Pa·s である．そのために，熱可塑性樹脂を強化繊維束に含浸させることが困難である．特に，テキスタイル強化複合材料においては，繊維を流動させず，繊維集合体に浸み込ませる成形形態を取ることから，より含浸が困難であり，含浸不十分な成形品では，力学的特性の低下が起こる原因となる．

第5章　混織ファブリックを用いた成形法とその特性

　本章では，混織ファブリックを用いた成形法と特性について概説する．熱可塑性樹脂のテキスタイル加工品への含浸性を改善するため含浸距離を短くし，また，テキスタイル加工性を維持するため，未含浸，あるいは，半含浸状態の繊維状中間材料を使用する．強化繊維および樹脂から成る繊維状中間材料を用いてテキスタイル加工品（プリフォーム）を作製する．得られたプリフォーム（混織ファブリック）を用いた高速成形加工技術について紹介する．

5.1　繊維状中間材料

　連続繊維強化熱可塑性樹脂複合材料作製のための中間材料として，プリプレグ材がある．成形の際，強化繊維に樹脂が既に含浸しているため，成形サイクル短縮において優位であるが，熱可塑性樹脂プリプレグは板状で硬く，粘着性がないために，積層や複雑形状成形品への適用が困難である．そこで，ドレープ性を改善するため，一方向プリプレグを短冊状にしたプリプレグテープや，未含浸の強化材とフィルム状高分子シートを積層してプレスする成形方法であるフィルムスタッキング法が開発された．

　プリプレグテープ（図5.1）は，含浸が完了しているため成形時間が短い，繊維配向が制御しやすく，繊維体積含有率が正確で，繊維が均一に分散しているため，力学的特性が安定しているという利点を有している．一方，一般にコストが高い，剛性が高くタック性がないため，適用可能な形状が平面や単純な局面に限られるといった欠点を有する[2]．細幅かつ薄厚のテープについてはテキスタイル加工が可能であるが，糸道をテープに対応した構造にするなどの工夫が必要であり，寸法設計においても自由度が少ない．

　フィルムスタッキング法（図5.2）は未含浸のプリフォームを積層するため，

5.1 繊維状中間材料

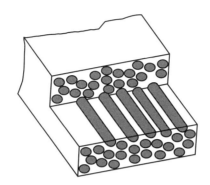

図 5.1 プリプレグテープ

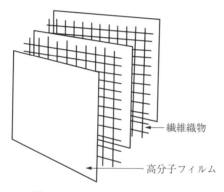

図 5.2 フィルムスタッキング法

複雑形状への適用は困難なものの,曲面への追従性はプリプレグと比較すると向上している.樹脂(フィルム)が入手しやすく,繊維と樹脂の組み合わせが自由である点も利点として挙げられる.しかしながら,未含浸のプリフォームを使用しており,結果として含浸距離が大きく(mm 単位),含浸性が乏しいため,含浸には高温度,高圧力下で長時間成形することが必要である[3),4)].

このような背景により,テキスタイル加工性を有しかつ含浸性に優れた繊維状中間材料が開発されてきた.繊維状中間材料は,未含浸あるいは半含浸状態であるため柔軟性があり,テキスタイル加工および成形加工上の取り扱いが容

第5章　混織ファブリックを用いた成形法とその特性

図 5.3　パウダー含浸ヤーン

易である．さらに，作製に溶剤を使う必要がないため，様々な熱可塑性樹脂を適用できる可能性がある．このことより，母材樹脂を繊維状にし，強化繊維と混合したコミングルドヤーン（Commingled Yarn）や，母材樹脂を粉末化し強化繊維に付着したパウダー含浸ヤーン（Powder Impregnated Yarn）の開発が行われている．

パウダー含浸ヤーン（図 5.3）は熱可塑性樹脂を粉末化し，強化繊維に付着することにより[4]～[6]，含浸性の向上を狙ったものである．樹脂を強化繊維に付着させる方法として様々な手法が用いられており，いずれも繊維を開繊したのち，例えば静電スプレー法などが用いられる．マトリックスの選択肢が広い中間材料であるが，樹脂パウダーの分散を制御するのが難しく，付着が不均一になり，樹脂と強化繊維の比率制御が困難である．さらに，摩擦係数が高いため，パウダー含浸ヤーンを用いたテキスタイル加工が難しい．また，樹脂パウダーが脱落するため作業性が悪い．そこで，樹脂パウダーと同じ樹脂から成る外殻で覆うことによって，作業性を向上させた材料も開発されている[8],[9]．

コミングルドヤーンは，強化繊維と母材樹脂繊維を混織したものである（図5.4）．強化繊維と樹脂繊維の混織度合いが高く，含浸距離が短いため，含浸性

5.1 繊維状中間材料

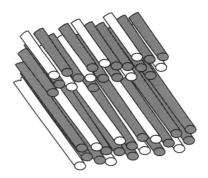

図 5.4 コミングルドヤーン

に優れる[11)~14)]．繊維束として柔軟性を有しており，摩擦係数も低い．一方，強化繊維と母材樹脂繊維を混繊させる技術の完成には，製造工程において，繊維の損傷をいかに低くするか，特性の大きく異なる繊維をいかに同時に分散し，均一に混合するかという問題を解決しなければならない．また，コミングルドヤーンは，テキスタイル加工品の作製，工程において，強化繊維に掛かる張力が不均一になると，剛性および伸度の異なる強化繊維および樹脂繊維が凝集してしまう問題がある．

このように，パウダー含浸ヤーンやコミングルドヤーンを用いた熱可塑性樹脂複合材料に関する研究が活発に行われており，積極的に熱可塑性樹脂複合材料の実用化に向けた取り組みが行われている．しかしながら，既存の材料系ではポリエーテルエーテルケトン（PEEK），ポリアミドまたはナイロン（PA），ポリプロピレン（PP）とガラス繊維および炭素繊維のように限られた材料選択しか実現しないのが現状である．熱可塑性樹脂には，特性の異なる数多くの材料の種類が存在する．これらの様々な特徴を有する熱可塑性樹脂を目的に応じて使い分けるには，数多く存在する強化繊維や熱可塑性樹脂の複雑な材料系に対応可能な中間材料が必要である．

そこで，著者らは組紐技術を応用し，これまでに問題であった材料選択，含浸性，取り扱い性，作製コストに優れた新しい繊維状中間材料であるマイクロ

第5章 混織ファブリックを用いた成形法とその特性

ブレーディッドヤーン（Micro-braided Yarn）を提案してきた[16]~[18]．マイクロブレーディッドヤーンは丸打組物技術を用いて作製した連続繊維強化熱可塑性樹脂複合材料作製のための繊維状中間材料である．丸打組物では付加的な繊維束を組物長手方向に挿入することが可能であり，その挿入位置により"中央糸（Middle-end-fiber）"および"中心糸（Axial fiber）"と呼ばれる（図5.5）．中心糸および中央糸として強化繊維束を一方向に挿入し，その周りの軌道に母材樹脂繊維を配置して組むことにより，糸として扱える組物，つまり，マイクロブレーディッドヤーンを作製することができる．図5.6に，中心糸に強化繊

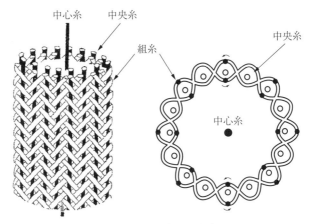

図 5.5 中央糸と中心糸

図 5.6 マイクロブレーディッドヤーン

5.1 繊維状中間材料

維を用いたマイクロブレーディッドヤーンの模式図を示す．マイクロブレーディッドヤーンは強化繊維束を覆うように，母材樹脂繊維が組まれている．そのため，母材樹脂を強化繊維束の近くに配置することができ，高い含浸性を有している．マイクロブレーディッドヤーンは，組機のみを用いて作製され，開繊処理が必要ないため，コミングルドヤーンにおいて問題となっていた強化繊維の損傷を与えることがない．さらに，強化繊維が母材樹脂繊維で覆われているため，取り扱い性が良く，テキスタイル工程において強化繊維に損傷を与えることがない．

ここで紹介した繊維状中間材料は1本の繊維束として扱えるため，テキスタイル工程に適用することができる（図 5.7）．同図は，多軸挿入たて編物，組物，よこ編物に適用した事例である．繊維状中間材料は，未含浸，あるいは，半含浸状態で柔軟性があるため，ドライ強化繊維に対応した従来のテキスタイル加

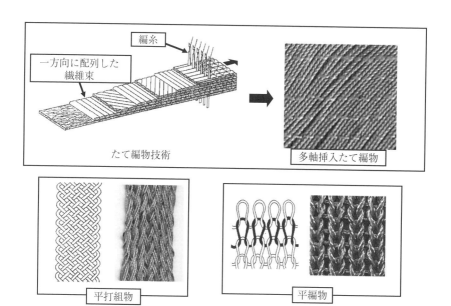

図 5.7　繊維加工品への適用事例

図 5.8　開繊繊維を用いた繊維状中間材料

工装置が適用可能である．含浸性については，完全含浸材料であるプリプレグと比較すると劣るものの，繊度の選択や混繊度合の変更により強化繊維の含浸距離を制御することが可能である．例えば，図 5.8 は，図 5.6 において示したマイクロブレーディッドヤーンの中心糸に開繊糸を使用したもので，含浸距離の減少による含浸性の向上が確認されている[19]．このように，高速成形にも対応可能な混繊ファブリックの開発が検討されている．

5.2　プレス成形を用いた高速成形加工技術

　混繊ファブリックの成形方法として，ホットプレス成形法などが考えられるが，金型の加熱・冷却時間が長いため，量産化する場合には予備加熱装置や多段の成形金型などが必要であり，量産化に適した成形方法の開発が待たれてい

5.2 プレス成形を用いた高速成形加工技術

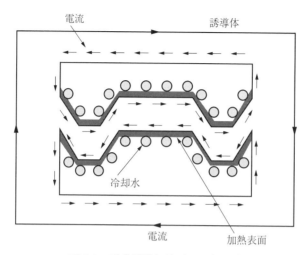

図 5.9 電磁誘導加熱プレス成形[24]

た．このような背景において，金型を急速に加熱冷却する高速成形加工技術の開発が行われている．

　高速で昇温する技術として，金属材料の熱処理などに用いられる電磁誘導加熱がある．これは，高周波による表皮効果を用いて導体表面に電流を集中させ，渦電流による発熱を利用する技術である．複合材料分野においては，その高い加熱応答性を利用して，射出成形のノズル部分の加熱[20]，射出成形における入れ子の加熱[21]，さらには，熱可塑性樹脂複合材料の接合[22]，圧縮成形の加熱装置[23]などにも精力的に応用されている．図5.9に電磁誘導加熱プレス成形の模式図を示す[24]．本成形装置は，コイルに交流電流を流し磁界を発生させ，コイルの中の非加熱物（電磁誘導体）の表面に渦電流を誘起し，電流の流れる部分が発熱（ジュール熱）する原理（電磁誘導加熱）を応用した技術である．上下の金型を囲うように設置されたコイルに電流を流し，磁界を発生させ，電磁誘導によって金型表面のみが加熱される．また，金型内の冷却パイプに冷却水を通すことで金型を冷却することが可能である．金型表面のみを加熱するため熱容量が小さく，従来のホットプレス成形法と比べて成形サイクルを大幅に短縮

第5章 混織ファブリックを用いた成形法とその特性

することができる.さらに,本成形システムを用いると,素材である炭素繊維にも誘導電流が流れ発熱するため,炭素繊維束への樹脂の含浸が促進され,ホットプレス成形に比べて,低い成形圧力,短い温度保持時間で樹脂を含浸させることができる.

　一方,熱可塑性樹脂の最大の長所は,目的とする最終製品形状に直接成形できる加工性の良さである.この加工性の良さを維持し,剛性および強度を付与するため,短繊維を混ぜて射出成形する方法があるが,この方法では繊維が混練中に0.5mm程度以下まで細かく砕かれるため,強化効果はあまり上がらない.加工での繊維破損を避ける方法として,繊維で強化した熱可塑性樹脂シートをプレス機で圧縮成形し,賦形するスタンパブル成形法が1980年ごろから実用化された[25].スタンパブルシートの成形は,遠赤外線加熱炉で加熱して樹脂シートに可塑性を与え,続いて温度調整した金型(40℃から80℃)に投入したのち,プレス機で圧縮して成形品に加工する.近年では,連続繊維強化熱可塑性樹脂複合材料の成形方法として,このスタンパブルシートの成形法を応用した成形方法が採用されている.予備加熱炉により連続繊維強化熱可塑性樹脂複合材料プリプレグなどを加熱し,適度に加熱した金型のプレス圧力により金型形状に成形する方法である.しかしながら,未含浸状態の繊維状中間材料を用いて作製した混織ファブリックは,予備加熱時に強化形態の収縮などの問題が発生するため,中間材料の選択が今後の課題である.

5.3 引抜成形を用いた連続成形加工技術

　引抜成形法とは,強化繊維となる連続繊維に樹脂を含浸させて,加熱した金型に引き入れることで,断面形状が同一な繊維強化プラスチック(FRP)を連

5.3 引抜成形を用いた連続成形加工技術

続的に成形する手法である．熱硬化性樹脂を用いた引抜成形法が一般的である．一方，金型を加熱・冷却する必要がなく，材料を連続的に引き抜くことで成形が可能な引抜成形法は，連続繊維強化熱可塑性樹脂複合材料の高速成形加工技術の1つとなる可能性を十分に有している．

5.3.1 システムの構成

熱可塑性樹脂複合材料の引抜成形システムの模式図を図 5.10[26]に示す．基本的には，プリフォーム誘導システム（図 5.10 中ではクリール（Creel）と導入治具（Guidance device）に相当），予備加熱装置（Preheater），加熱・冷却金型（Heated and Cooled die），引取り機（Pulling mechanism）から構成される．

成形材料には，5.2節で述べた繊維状中間材料あるいはそれらを使用して作製された混繊ファブリックが使用される．プリフォーム誘導システムとしては，クリールおよび張力装置を用いて1方向繊維あるいはテープを導入する方法，フィラメントワインディングと引抜成形を組み合わせたプル・ワインディング（Pull-Winding），組物作製機械と引抜成形を組み合わせたプル・ブレイディング（Pull-Braiding）[25]がある．組物は，組糸（braiding fiber）と呼ばれる繊維束が切断することなく連続して配向し，組物長手方向に中央糸（middle end fiber）と呼ばれる繊維束を組糸間に挿入できる．さらに配向角度（組角度 θ）

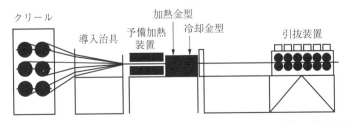

図 5.10 連続繊維強化熱可塑性複合材料のための引抜成形機の模式図[26]

第5章　混織ファブリックを用いた成形法とその特性

を任意に変更可能であるため，要求性能に応じて複合材料を設計することが可能である．

中間材料を用いた熱可塑性樹脂複合材料の引抜成形システムにおいて重要なのは予備加熱装置である．引抜速度を向上させるためには，材料が加熱金型に入る直前に予備加熱を行い，融点付近まで材料を加熱する必要がある．予備加熱装置がない場合には，金型に材料が導入されてすぐに設定温度に達することが不可能であり，引抜速度および金型長さから予測される成形時間が確保されない．予備加熱装置は，①中間材料が溶融・付着しないように非接触であること，②局所的に過熱・劣化しないよう連続していること，③層間および層内で温度分布が最小となるよう均一であること，などの条件を満たす必要がある．赤外線加熱や輻射加熱による方法などが挙げられる．

金型部の模式図を図5.11に示す．加熱金型および冷却金型から構成されている．加熱金型の役割は，成形温度まで材料を加熱し，含浸に必要な圧力を付加することである．加熱金型入口にはテーパー部が設けてあり，これによって材料を最終成形品の断面積よりも多く充填することが可能であり，含浸に必要な圧力を付加することが可能となる．テーパー角度は一般に2°～5°であり，その後ストレート部が設けてある．冷却金型の役割は，そりやボイドの発生を抑制するために複合材料を型内冷却し，また，結晶化を制御することである．製品の表面状態にも大きく影響を及ぼす．金型の断面形状は一定である．加熱

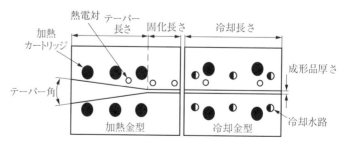

図5.11　加熱金型および冷却金型

金型および冷却金型共に複数の領域に分割して温度制御が可能であり,各領域における成形温度の設定が重要である.

5.3.2 含浸機構

金型テーパー部における樹脂の流れと含浸機構を図5.12[28]に示す.予備加熱装置において,強化繊維および樹脂繊維から構成される中間材料は融点付近まで加熱される.加熱金型入口にはテーパー部が設けられており,金型断面積は徐々に減少するため,余剰な熱可塑性樹脂が後方に流動する(バックフローという).後方への樹脂流動は,型内における樹脂圧力を誘導し,繊維集合体への樹脂の含浸の要因となる.

ここで樹脂流動は,巨視的な流れと,微視的な流れの2つの流動に分類することができる.巨視的な樹脂流動は,図5.13[29]に示すように繊維軸方向に沿

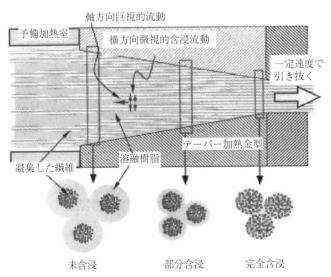

図5.12 金型テーパー部における樹脂の流れと含浸機構[28]

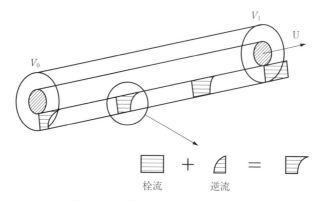

図 5.13 巨視的な流れの速度履歴[29]

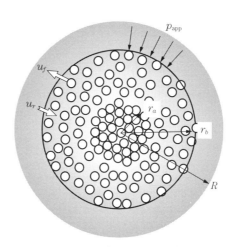

図 5.14 微視的な流れ[28]

った軸方向の流れを指し,バックフローや繊維束周りの樹脂流動がこれに相当する.一方,微視的な樹脂流動は,図 5.14[28] に示すように,繊維束内への樹脂流動を指し,いわゆる繊維束への樹脂の含浸を意味する.圧力が付加されると,強化繊維束周りの溶融樹脂は,強化繊維束へと含浸する.この際,繊維集合体は多孔質媒体とみなすことができ,樹脂流動はダルシー則に従う.

樹脂の特性，金型形状，成形条件によってこれら2つの樹脂流動が大きく変化するため，熱可塑性樹脂複合材料の引抜成形のモデル化においては考慮する必要がある．

5.3.3 引抜成形条件

引抜速度は2〜300 mm/sまで達成した文献があるが，含浸および力学的特性の観点からは，低速（2〜4 mm/s）の場合に良い結果が得られているのが現状である．予備加熱温度は融点以下で融点に近い方が望ましく，融点の98 %程度に設定されている．金型のテーパー角は5°以下となっている．成形時に重要なパラメータとして充填率（filling ratio）が挙げられる．充填率とは，金型出口断面積に対する中間材料の総面積として定義される．充填率が100 %以下の場合，中間材料に圧力が加わらず，含浸が未完了となる．一方で，充填率が高すぎる場合には，テーパー部を利用しても材料が充填されない，引抜抵抗が大きく材料が引き抜けないなどの問題が発生する．充填率100 %から130 %の間で成形を行うのが一般的である．

引抜成形条件は，中間材料に対して，含浸に必要な成形温度・成形圧力・成形時間を付与することができるように設定する必要がある．含浸に必要な成形温度・成形圧力・成形時間は，繊維状中間材料の含浸距離に依存するため，中間材料の開発も同時に行う必要がある．

組物強化熱可塑性樹脂複合材料の引抜成形装置

図5.15に，組物強化熱可塑性樹脂複合材料の引抜成形装置（Pull-Braiding

第5章 混織ファブリックを用いた成形法とその特性

図5.15 組物強化熱可塑性樹脂複合材料の引抜成形装置

装置）を示す[30]．5.3.1 項で述べたプリフォーム誘導システムとして丸打組物作製機械を導入したものである．組紐技術を活用することで，組物構造の利点が生かせることに加えて，組物作製機械および引抜成形装置はいずれも自動化が可能であることから，連続繊維強化熱可塑性樹脂複合材料の連続生産システムの構築が実現可能となる．

成形事例として，ガラス繊維／ポリプロピレン樹脂引きそろえ糸を使用した組物複合材料の引抜成形事例を図5.16 に示す．引抜成形機は内側に電熱ヒーターを有するマンドレル，成形前にあらかじめ組物を加熱するための遠赤ヒーター，成形金型，冷却装置および引取装置の5種類の装置により構成される．図は成形金型を開いた状態の下型と成形途中の成形品の外観写真を示す．図中のH1〜H8 はそれぞれ金型上下両側に挿入された電熱ヒーターを示し，これを用いて成形金型を加熱する．成形金型の設定温度は図中の表に示すとおりである．金型は直径18 mm，内径15 mm を有する円筒を成形可能であり，金型入口径が28 mm，テーパー端部径が18 mm となるよう緩やかなテーパーを設けている．これは溶融樹脂の逆流，樹脂溶融工程および成形中の急激な成形圧力の上昇による繊維の破断を防止するためである．

各金型位置における温度および成形品中の未含浸率を図5.17 に示す．材料

5.4 組物強化熱可塑性樹脂複合材料の引抜成形装置

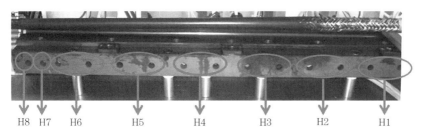

測定位置	Mn	H8	H7	H6	H5	H4	H3	H2	H1	Pre
設定温度(℃)	130	165	175	185	200	200	200	200	200	150

図 5.16 ガラス組物強化ポリプロピレンパイプの引抜成形

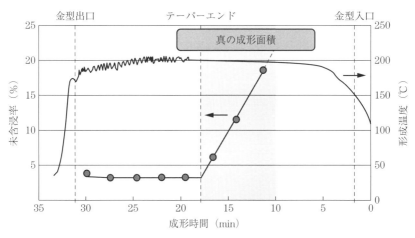

図 5.17 引抜成形金型内における温度履歴および未含浸率変化

が金型入口に到達してもすぐに温度は金型温度（200℃）に到達しないことが分かる．また，ストレート部においては未含浸率の変化が見られず，テーパー部においてのみ未含浸率が減少し，微視的な樹脂流動（含浸）が行われることが分かる．したがって，図中"真の成形領域"として記述した領域においての

み真の成形が可能である．この真の成形時間を，選択した材料の含浸に必要な時間よりも長く設計する必要があり，そのための金型設計および成形条件設計が重要である．

さらに，パイプ形状など閉断面構造を有する連続繊維強化熱可塑性樹脂複合材料の引抜成形においては，周方向における厚さの偏肉が問題となるが，丸打組物技術を用いることにより繊維の周方向に対する配置が均一となり，これらの問題が解決される．また，ロッド形状を有する連続繊維強化熱可塑性樹脂複合材料の引抜成形においては，最外層に組物構造を配置することにより，組糸の締め付けにより，含浸特性が向上することが確認され，引抜成形品の未含浸率減少において，組物の強化形態が有効であることが確認されている．

5.5 連続繊維と長繊維樹脂射出成形のハイブリッド成形

短繊維強化熱可塑性樹脂複合材料の長所は複雑形状に直接成形できる加工性の良さである一方で，加工性を維持した成形方法では剛性や強度が低い成形品しか成形できず，強化効果はあまり上がらない．近年では，物性の優れた材料としてより長い繊維長を有するペレット（長繊維ペレット）が利用されている．長繊維ペレットは，ペレット長と同じ長さの炭素繊維を同一方向に含有する樹脂材料である．短繊維強化材料に比べ，成形後の成形品中の繊維長が長いため，機械特性や電気特性など多くの面で優れた特性を発揮する．長繊維ペレットは1950年代に既に電線被覆法により開発されていたが，成形品中に繊維束が残りやすく分散性に問題があった．最近では，長繊維ペレット製造工程において，炭素繊維に特殊な繊維分散性を向上させる工夫を施しているため，長繊維強化材料でありながら良好な成形性を有する材料が開発されている[31]．さらに，炭

5.5 連続繊維と長繊維樹脂射出成形のハイブリッド成形

素繊維のロービング材を直接引き込み成形することが可能となる，オンラインブレンド射出成形機による長繊維直接成形法の開発も行われている．

他方，連続繊維強化熱可塑性樹脂複合材料の長所は，高い力学的特性を有する一方で，繊維を流さない成形方法では加工性に限界があり，複雑形状への適用が困難である．そこで，連続繊維および不連続繊維の互いの長所を生かした，連続繊維＋長繊維（不連続繊維）から成るハイブリッド成形手法の開発が活発に行われている．連続繊維から構成されるプリプレグなどの中間材料を赤外線加熱炉など予備加熱炉で加熱し，射出成形機にインサートして裏面に長繊維強化熱可塑性樹脂を射出成形し，リブなどを付与する．これにより，高剛性・高強度・複雑形状を同時に実現する一体成形を可能にする．5.2節で触れたように，予備加熱時に強化形態の収縮等の問題が発生するため，中間材料の選択が課題であるものの，複雑形状への適用可能性が高いことから，混繊ファブリックを用いたハイブリッド成形に対する期待は大きい．

本章では，最終成形品を形成することが可能なニアネットシェイプ技術を実現化するテキスタイル強化熱可塑性樹脂複合材料を対象とし，混繊ファブリックを用いた成形法と特性について概説した．繊維状中間材料は，未含浸あるいは半含浸状態であるため柔軟性があり，従来のテキスタイル加工装置が適用可能である．含浸性については，完全含浸材料であるプリプレグと比較すると劣るものの，繊度の選択，開繊度合や混繊度合の変更により強化繊維の含浸距離を制御することにより，高速成形にも対応可能な混繊ファブリックが開発されている．得られた混繊ファブリックを用いた成形加工技術については，スタンピング成形，引抜成形，ハイブリッド成形など高速成形加工技術を中心に適用が検討されている．混繊ファブリックを用いた高速成形加工技術により，連続繊維強化熱可塑性樹脂複合材料の応用展開が大幅に拡大するものと期待する．

参考文献

1) A.E. Bogdanovich and C. M. Pastore : Mechanics of Textile and Laminated Composites, Chapman & Hall (1996)
2) F. Rosselli, M.H. Santare and S.I. Guceri : Effects of Processing on Laser Assisted Thermoplastic Tape Consolidation, Composites Part A, 28A, pp.1023~1033, 1997
3) S.R.Iyer and L.T.Drzal : Manufacture of Powder-Impregnated Thermoplastic Composites, Journal of Thermoplastic Composite Materials, Vol.3, No.4, pp.325~355, 1990
4) H.A.Rijsdijk, M.Contant and A.A.J.M.Peijs : Continuos Glass-Fiber-Reinforced Polypropylene Composites: Influence of Maleic-Anhydride-Modified Polypropylene on Mechanical Properties, Composites Science and Technology, Vol.48, pp.161~172, 1993
5) S. Padaki and L.T. Drzal, A Simulation Study on the Effects of Particle Size on the Consolidation of Polymer Powder impregnated tapes, Composites: Part A, Vol.30, No.3, pp.325-337, 1999
6) A. Ramasamy, Y.Wang and J.Muzzy : Braided thermoplastic composites from powder-coated towpregs. Part I: Towpreg characterization, Polymer Composites, Vol.17, No.3, pp.497-504, 1996
7) L.E.Allen, D.D.Edie, G.C.Lickfield and J.R.Mccollum : Thermoplastic Coated Carbon Fibers for Textile Preforms, Journal of Thermoplastic Composite Materials, 1-October, pp.371~379, 1998
8) H.Wittich and K.Friedrich : Intterlamina Fracture Energy of Laminates Made of Thermoplastic Impregnated Fiber Bundles, Journal of Thermoplastic Composite Materials, 1-July, pp.221~231, 1988
9) A.Miller, C.Wei and A.G.Gibson : Manufacture of Polyphenylene Sulfide (PPS) Matrix Composites via The Powder Impregnation Route, Composites Part A, 27, pp.49~56, 1996
10) H.Hamada, Z.maekawa, N.Ikegawa, T.Matsuo and M.Yamane : Influence of the Impregnating Property on Mechanical Properties of Commingled Yarn Composites, Polymer Composites, Vol.14, 308-313 (1993)
11) L.Ye, K.Friedrich, J.Kastel and Y.-W.Mai : Consolidation of Unidirectional CF/PEEK Composites from Commingled Yarn Prepreg, Composites Science and

Technology, 54, pp.349～358, 1995
12) N.Bernet, M.D.Wakeman, P.-E.Bourban and J.-A.E.Manson：An Integrated Cost and Consolidation Model for Commingled yarn Based Composites, Composites Part A, A 33, pp.495～506, 2002
13) L.Ye and K.Friedrich：Processing of CF/PEEK Thermoplastic Composites from Flexible Preforms, Adv. Composite Materials, Vol.6, No.2, pp.83～97, 1997
14) B.Lauke, U.Bunzel and K.Schneider：Effect of Hybrid yarn Structure on the Delamination Behaviour of Thermoplastic Composites, Composites Part A, A 29, pp.1397～1409, 1998
15) M.Sakaguchi, A.Nakai, H.Hamada, N.Takeda：The Mechanical Properties of Unidirectional Thermoplastic Composites Manufactured by a Micro-Braiding Technique, Composites Science and Technology, Vol.60, pp.717-722 (2000)
16) Y.Higuchi, A.Nakai, H.Hamada：Fabrication and Mechanical Properties of PE/PE Interface-less Composites using Micro-braiding, Polymers & Polymer Composites, Vol.12, pp.321-332 (2004)
17) G.Bechtold, M.Sakaguchi, K.Friedrich, H.Hamada：Pultrusion of Micro-Braided GF/PA6 Yarn, Advanced Composite Letters, Vol.8, pp.305-314 (1999)
18) L. Laberge-Lebel, H. Salek, F. Guay, S. V. Hoa, A.Nakai, H.Hamada：Processing and Properties of Carbon/Nylon Thermoplastic Composites Made by Commingled Tows and Micro-braided Tows, Design and Manufacturing of Composites, Vol.5, pp.161-170 (2004)
19) 大谷章夫，仲井朝美：連続繊維強化熱可塑性樹脂複合材料製造用の強化繊維／樹脂繊維複合体およびその製造方法，特願2012-229891
20) S. Sekiguchi：Hot runner system by induction heating, Die and Mould Technology, Vol.20, pp.31-34 (2005)
21) Y. Murata, K. Kino, T. Akaike, H. Hida, T. Yokota：Improvement on Appearance of Injection Molded Products by Induction Heating Mold, Die and Mould Technology, Vol.22, No.8, pp.52-53 (2007)
22) L. Moser, P. Mitschang and A. K. Schlarb：Automated Welding of Complex Composite Structures, ACCM-6, pp.23-26 (2008)
23) A. Guichard and J. Feigenblum：High-speed processing: using electromagnetic induction, JEC-Composites, pp.94-96 (2004)
24) 田中和人，小橋則夫，木下陽平，片山傳生，宇野和孝：樹脂不織布付多軸多層

クロスを用いた CFRTP の電磁誘導加熱プレス成形，材料，Vol.58，No.7，pp.642-648（2009）
25) 的場哲，内野洋之，野沢忠道，村田明博，木村隆夫，大野賢祐，西谷輝行，大澤俊行：スタンパブルシート，新日鉄技報，349，pp.67-72（1993）
26) A.Carlsson and B. Tomas Åström: Experimental investigation of pultrusion of glass fibre reinforced polypropylene composites, Composites Part A: Applied Science and Manufacturing, 29, 5-6 (1998), 585-593
27) W. Michaeli and D. Jürss, Thermoplastic pull-braiding: Pultrusion of profiles with braided fibre lay-up an thermoplastic matrix system (pp), Composites Part A: Applied Science and Manufacturing, 27, 1 (1996), 3-7
28) D.-H.Kim, W.Il Lee and K.Friedrich, A model for a thermoplastic pultrusion process using commingled yarns Composites Science and Technology, 61, 8 (2001), 1065-1077
29) G.Sala and D.Cutolo: The pultrusion of powder-impregnated thermoplastic composites Composites Part A: Applied Science and Manufacturing, 28, 7 (1997), 637-646
30) L. L. Lebel & Nakai, A.: Design and manufacturing of an L-shaped thermoplastic composite beam by braid-trusion Composites Part A: Applied Science and Manufacturing, 43-10 (2012), 1717-1729
31) 奥村欽一，浅井俊博，長繊維強化熱可塑性樹脂の自動車部品への適用，神戸製鋼技報，Vol.47，No.2 73-76（1997）

第6章

熱可塑性樹脂パウダーを用いた成形法とその特性

熱可塑性樹脂複合材料が有するリサイクル性，2次加工性のみならず，高い力学的特性を有する連続繊維強化熱可塑性樹脂複合材料の成形においては，溶融粘度の高い樹脂を繊維束に含浸させる必要があるため，含浸方法には工夫が必要である．一般的には様々な形態の中間材料を作製することにより含浸性の問題を改善する手法が取られるが，熱可塑性樹脂のパウダーを用いて含浸を促進させる手法は代表的なものの1つである．

樹脂パウダーを用いて作製する中間材料である Powder Impregnated Fabric（PIF）は，炭素繊維織物の表面に帯電させた熱可塑性樹脂のパウダーを静電気で付着させた後，遠赤外線を照射することで樹脂パウダーを溶着させ作製する．炭素繊維などの強化繊維と樹脂繊維を混繊したコミングルヤーンに代表される繊維状中間材料や，樹脂が強化基材に含浸済みであるオルガノシートなどのプリプレグ中間材料とは異なり，樹脂が繊維集合体の一部分に含浸された，いわゆるセミプレグと呼ばれる中間材料である．パウダーの脱落がないため操作性がよく，生産性が高いという特徴を有する．

本章ではこの PIF に関して，詳細な作製方法と含浸特性の検討を行った．加えて，力学的特性の確認および参考データとして成形条件を変更した場合の力学的特性への影響について検討した結果を記す．

6.1 PIF の概要

PIF はドライパウダーコーティング法[1]を用いた中間材料の一種である．樹脂をまず凍結粉砕法等の手段で粉砕することにより，中心粒径が 3〜40 μm 程度の樹脂粉体を製造する．次にその製造した粉体に静電気を帯電させ，電気鏡像法によるクーロン力などにより導電性のある炭素繊維織物，あるいは，炭素

第 6 章 熱可塑性樹脂パウダーを用いた成形法とその特性

繊維一方向（UD）テープなどの強化材に付着させる方式である．さらには付着させた樹脂粉体を赤外線ヒーターなどにより，強化材に融着固定させてプリプレグを製造する方式である．

長所としては，
(1) 熱硬化性，熱可塑性を問わず製造可能な樹脂の種類が多い．（溶剤法などは溶剤に溶ける樹脂のみ適用可）
(2) 含浸距離が短いため，少ないエネルギーで容易に含浸する
(3) 強化材が低目付け（60 g/m^2 程度）でも V_f（20～80 %）を自由に制御したものを製造可能．フィルムスタッキング法では開繊された炭素繊維織物に対応する非常に薄いフィルム（30 μm 程度）を作るのはコスト面，技術面から難しく，さらには V_f を自由に制御することも難しい．
(4) VOC（揮発性有機化合物）を用いないので環境にとってやさしい製造方法．
(5) 顔料などと混合させ，着色可能である．
(6) あえて未含浸のセミプレグ状態とすることで，ドレープ性（賦形性）を付与できる．
(7) フェライト粉末，中空ガラスビーズ，カーボンナノチューブ，樹脂などを混合させ，新しい材料を創成できる．耐候性，耐衝撃性，EMI 放射の抑制などの機能を付与できる．

反面短所としては
(1) 製造時に粉塵対策，オゾン対策（帯電部などから発生）が必要になる場合がある．
(2) 粉体化する場合にコスト高になる場合もある（約原材料の 2 倍程度）．
(3) 作られた熱可塑性セミプレグにはタック性がなく，積層作業時に工夫が必要となる．

などの問題点がある．

6.2 PIFの製造原理

6.2.1 これまでの歴史

　PIF法すなわちドライパウダー法に関しては，様々なノウハウは社外に出さず，表に出てこないため，数少ない発表例しかない．最初の応用は粉体塗装方法の一種であるエアー流動式静電流動浸漬法を応用したものであるようである．

　図6.1はエアー流動式静電流動浸漬法の概略であるが，チャンバー下部に穴の開いたポーラス板（多孔板）があり，下部空気により粉体の流動層を発生させ，多孔板と炭素繊維織物などの間に負の高電圧（30～100 KV）を掛けることにより高電界を発生させ粉体に帯電させ，帯電粒子雲を発生させる．かつ，この帯電粒子雲を高電界により炭素繊維織物に付着させ赤外線ヒーターなどで溶着固定する方式である．この場合，

（1）多孔板に詰まりが生じる．

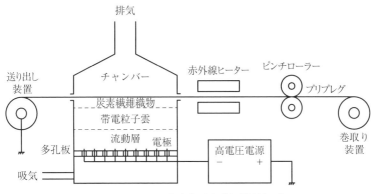

図6.1　エアー流動式静電流動浸漬法概略図

第6章 熱可塑性樹脂パウダーを用いた成形法とその特性

(2) 炭素繊維織物の片側にしか付着できない.
(3) 付着速度が遅い.

などの問題点が指摘されている.

次にこれら問題点を改善した製造装置がイスラエルのPCC社から発表されたが,PCC社の解体並びに事業撤退により製造装置は廃棄され,現在は製造されていない[2]~[5].PCC社により開発されたPIFの原理を図6.2に示す.まず乾燥された空気が帯電部において帯電する.空気中の酸素分子は主として針状電極によるコロナ放電により負の電荷が与えられ,マイナスイオン化される.すなわちO_2^-が生成されるものと考えられる.このマイナスイオンをベンチュリー管で吸い上げた粉体の表面に衝突させて間接的に帯電させる方式,すなわちイオン放射による帯電方式が用いられていると考えられる.

この方式は粉体の表面をある程度帯電させた後に,次に飛んでくるイオンをその表面に付いた電荷自体によるクーロンの反発力で反発させるため,多くは帯電せず帯電効率が悪い.塗布原理は帯電された粉体と乾燥空気の固気二相流

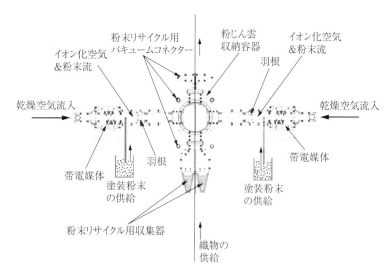

図6.2 PIF 製造装置(PCC 社)

をノズルにより炭素繊維織物に噴出させて塗布させる方式であると思われる．
まとめると
(1) 間接帯電であるため帯電効率が悪い．
(2) ベンチュリー管，細管群を用いての粉体供給システムのため粉体供給の精度が良くない．また細管群に詰まりなどが生ずる場合がある．
(3) 質量の大きい粉体の場合，塗装効率が低下する可能性が大きい（最終段で帯電された固気二相流をノズルにより噴出させている方式のため，その流速が早くなるものと予想される．粒径が大きく質量が大である粉体の場合，その慣性力のため，強化材の表面でバウンドして剥離する場合がある．鏡像によるクーロン力およびファンデルワールス力では支えきれない）．

6.2.2 最新の原理

2015年現在，海外ではPorcher industries社とTen Cate Advanced Composites社（旧Baycomp社）がドライパウダーコーティング法でプリプレグを製造しており，日本では(株)サン・テクトロ社が試作・製造している．ここでは，公開されている範囲で(株)サン・テクトロ社の方式について説明する．

図6.3に装置の概略図を示す．粉末状樹脂の被付着体となるシート状強化基材（炭素繊維織物など）は巻取り機および送り出し機により下方から上方へ送り出される．フィーダーにより供給制御された樹脂粉体は空気増倍機により，吸入側から大気とともに吸い込まれ固気二相流となる．この空気増倍機の吐出側から吐出された固気二相流は帯電部に導かれ，帯電される．帯電された固気二相流はディフューザーにより拡散され，流速が低下する．チャンバー内では同一極に帯電された帯電粒子同士クーロン力により反発し合い，その結果として均一に分散する．分散された帯電粒子は網電極を通った後に，高電圧発生装置により発生された高電圧により網電極と強化材の間で高電界を掛けられ，強

第6章 熱可塑性樹脂パウダーを用いた成形法とその特性

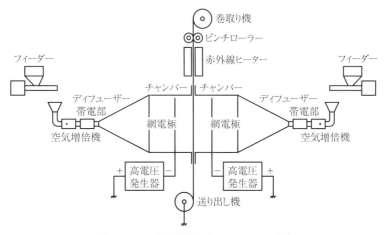

図 6.3　PIF 製造装置（サンテクトロ社）

化材に強固に付着される．前述の PCC 社の原理と比較すると，高電界による接着力が付与されるため，より強固に樹脂粉体が接着されるものと考えられる．よってこの原理を用いることにより，強化基材に対して付着できる粉体の量を増やすことが可能となる．樹脂の付着量は，ピンチローラーによる速度制御やフィーダーを制御することにより制御可能である．また，この装置は左右対称であり，両面に樹脂を付着させることが可能である．その後，付着した樹脂は赤外線ヒーターにより強化基材に融着固定されて，プリプレグが製造されるというのが概略の製造原理である．

6.2.3　樹脂の電気的特性

上述のように，PIF においては樹脂粉末を電気的な力で付着させるため，その製造時には，樹脂の電気特性を十分に考慮する必要がある．まず，樹脂の種類により，正極に帯電しやすいか負極になりやすいかを見極める必要があり，それは材料の電気的特性によって決められる．この正負極どちらに帯電しやす

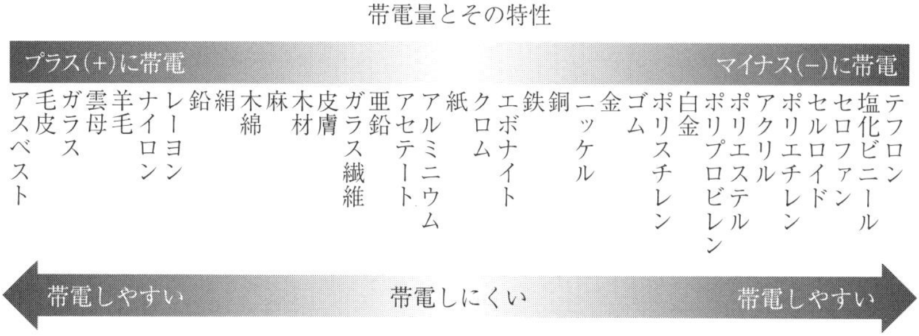

6.2 PIFの製造原理

帯電量とその特性

プラス(+)に帯電																			マイナス(−)に帯電
アスベスト	毛皮	ガラス	雲母	羊毛	ナイロン	レーヨン	鉛	絹	木綿	麻	木材	皮膚	ガラス繊維	亜鉛	アルミニウム	アセテート	紙	クロム	鉄	銅	ニッケル	金	ゴム	ポリスチレン	白金	ポリプロピレン	ポリエステル	アクリル	セルロイド	セロファン	塩化ビニール	テフロン

帯電しやすい ← 帯電しにくい → 帯電しやすい

図 6.4　帯電列

いかを示したのが図 6.4 に示す帯電列である．一般的にほとんどの樹脂は負極に帯電しやすいが，ナイロン（PA6など）は正極に帯電しやすい．

6.2.4 粒子径

6.2.1 で述べたように，樹脂の粒子は電気的な力を用いて制御されるため，粒子の大きさは PIF の品質を左右する重要な要素である．実際にポリエーテルケトンケトン（PEKK）樹脂ペレットを粉砕して粉体にした写真とその粒度分布をそれぞれ図 6.5 および図 6.6 に示す．ここで計測された中心粒径は 25 μm 程度であり，その分布は 0.5〜100 μm まで分布している．基本的に中心粒径は小さいほど重力の影響，慣性の影響などを受けず粒子の付着度は良い．しかし 2.5 μm 以下のナノ粒子オーダーになると，表面積が増大し凝集しやすく取り扱いづらくなることに加え，人体への影響が無視できなくなる可能性もあるため注意が必要である．また粒子の分散度合いに関しては，粒子径を小さくするに伴い良くなる傾向にあると言えるが，実際の粒度分布は図 6.6 に示したとおりかなり広くなるため，均質性には欠ける．粉砕タイプの樹脂粒子に関しては，コスト，技術面で現状はこの程度が限度であると言えよう．今後の粉砕技術の発展と向上が望まれる．

第6章 熱可塑性樹脂パウダーを用いた成形法とその特性

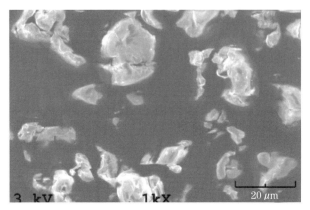

図6.5 粉砕した樹脂粉末のSEM写真

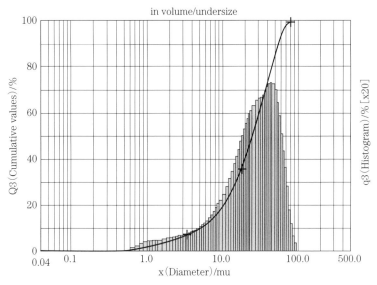

図6.6 樹脂を粉砕した場合の粒度分布の例

6.2 PIFの製造原理

6.2.5 粒子に作用する力

ここで,粒子に作用する力の理論的な算出方法について以下に述べる.

基本的な帯電粒子に加わる力としては重力がある.粒子に重力のみが負荷された場合の模式図を図6.7に示す.空気密度に対して帯電粒子が十分大きいものとして浮力は無視すると,以下の式で表される.

$$m\frac{dv}{dt} = F_g - F_d \tag{6.1}$$

書き換えると以下の式となる.

$$\frac{\pi\rho d^3}{6}\frac{dv}{dt} = \frac{\pi\rho d^3 g}{6} - \frac{3\pi\mu d}{C_c}v \tag{6.2}$$

ここでvは沈降速度,μは空気の粘性抵抗,C_cはカニンガムの補正係数を示す.これより,次式が導かれる.

$$\frac{dv}{dt} = -\frac{18\mu v}{C_c \rho d^2} + g \tag{6.3}$$

この微分方程式を解くと

$$v = \frac{C_c \rho d^2 g}{18\mu}\left[1 - \exp\left(-\frac{18\mu t}{C_c \rho d^2}\right)\right] \tag{6.4}$$

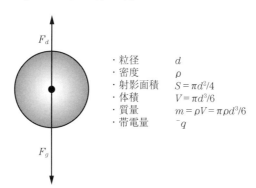

図6.7 重力が負荷された樹脂微粒子

第6章 熱可塑性樹脂パウダーを用いた成形法とその特性

ここで，$v_g = \dfrac{C_c \rho d^2 g}{18\mu}$　$\tau = \dfrac{C_c \rho d^2}{18\mu}$ と置くと，式(6.4)は次式となる．

$$v = v_g \left[1 - \exp\left(-\dfrac{t}{\tau}\right) \right] \tag{6.5}$$

この時，沈降速度 v は v_g に収束する．

粒子に加わる力が静電気力のみの場合（図6.8），以下の式で表される．

$$m\dfrac{dv}{dt} = Fe1 + Fe2 + Fe3(k) - Fd \tag{6.6}$$

$$Fe1 = \dfrac{q^2}{16\pi\xi^2} \qquad Fe2 = qE = q\dfrac{V}{L} \qquad Fe3(k) = \sum_{i=1(i\neq k)}^{N} \dfrac{qkqi}{4\pi\varepsilon\delta^2}\cos\theta i \tag{6.7}$$

ここで，$Fe1$ を高電界による力，$Fe2$ を鏡像法によるクーロン力，$Fe3(k)$ を他の帯電粒子が作る電界による力，と定義する．Fd は前述したとおり空気の

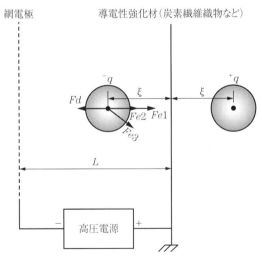

図6.8　静電気力が負荷された樹脂微粒子

抗力である．δ は帯電粒子間の距離で θi は進行方向と成す角度である．6.2.2 で紹介した方式は $Fe1$ だけでなく $Fe2$ の力も作用するため，付着効率が高いものと考えられる．

6.2.6 付着量の制御

0.0077 m^2 の面積の強化材に付着させた PEKK 樹脂の質量（g）と，強化基材の巻取り速度（mm/min）との関係を図 6.9 に示す．この結果，比例関係があるのが認められた（V_f を 0.374〜0.5 程度の間で制御）．これより，樹脂付着量のコントロールは比較的容易であることが分かる．

6.2.7 その他

粒子に掛かる $Fe3$ の解析は数多くの粒子との相互作用であり，困難であり，今後解析に挑戦したい課題といえよう．また樹脂が電荷を保ちながら強化材に

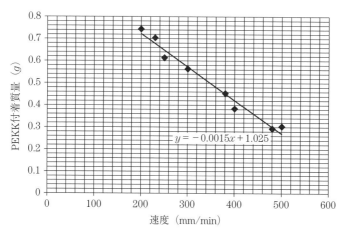

図 6.9 樹脂付着量と強化基材の送り速度との関係

溶融固着した場合,どのような挙動を示すかも興味がある.さらには落下した樹脂を再利用するには混じった強化繊維屑を除去し再利用する装置が必要である.

このように,PIF法は粉体塗装の応用から始まった古くて新しい領域であり,航空工学,機械工学,粉体工学,材料力学,電気工学など多岐にわたる学際を超えた分野であり,興味が尽きない.

6.3 PIFの成形

本節では,PIFが連続繊維強化熱可塑性樹脂複合材料用中間材料としてどのような含浸特性を有しているのかを評価した.また,作製されたFRTPの力学的特性を評価するとともに,参考として,成形条件(成形温度,成形圧力,保持時間)が力学的特性に及ぼす影響について検討を行った.

6.3.1 材料

この評価に当たり,炭素繊維(IMS60,東邦テナックス(株)製)を使用した開繊糸織物(SA-31021,サカイオーベックス(株)製,目付量 $75\,g/m^2$)に,母材樹脂として PEKK(KEPSTAN-7000 ARKEMA(株)製)を用いた.PEKK樹脂は連続使用温度 $250\,℃$ という耐熱性を持ち,さらに高い機械的特性,耐薬品性,絶縁性などの特徴を有するため自動車関連部品や航空宇宙関連の材料部品への応用が期待されている熱可塑性樹脂の一種である.しかしながら,射出成形に適用が困難であるほど溶融粘度が高い樹脂であるため,一般的には連続繊維への含浸は難しいと考えられる.平均粒径 $25\,\mu m$ のパウダー状

PEKK(KEPSTAN-7000 ARKEMA(株)製)を付着させて作製したPIF((株)サン・テクトロ製)を用いた.

6.3.2 PIFの概要

図6.10にPIFの外観写真を示す.織物表面に樹脂がむらなく均一に付着していることが分かる.また,巻き取りが可能で,カッターなどで切断することが可能で加工性が良い.PIFの基材表面のSEM写真を図6.11に,基材断面のSEM写真を図6.12に示す.樹脂パウダーが完全に溶融しており,織物表面に付着し,内部には含浸していないことが分かる.フィルムスタッキング成形の場合とは異なり,樹脂が基材表面全てを覆っているわけではないことから,内部の空気が樹脂と速やかに入れ替わり,含浸時間が短縮されることが期待できる.図6.13(a)(b)(c)に,樹脂の付着量を変えて,V_fを35,47,54%と変化させた場合のPIF表面のマイクロスコープ写真を示す.このように基材表面に付着させる樹脂の量を容易にコントロールできる.

6.3.3 熱可塑性樹脂織物複合材料作製方法

本評価においては,加熱圧縮成形法により積層板を作製した.PIFを所定の寸法に切りそろえ,幅50 mm,長さ330 mmの試験片が成形可能な金型に基材を12層積層し,加熱圧縮成形を行った.図6.14に成形時における金型の温度履歴の一例を示す.昇温開始から1時間経過した後,加圧をし,所定の保持時間経過後,水冷により冷却を行った.ここで,加熱圧縮時に成形品に負荷される圧力を成形圧力,プレス機盤面の温度を成形温度とし,成形温度および成形圧力が付与されている時間を保持時間とする.ここで加圧下かつ融点以上の時間が冷却中にも存在しているため,保持時間0分でも冷却中に樹脂の含浸は進んでいると考えられる.保持時間0分を含む14種類の成形条件を設定し,

第6章 熱可塑性樹脂パウダーを用いた成形法とその特性

図6.10 パウダーインプレグネーテッドファブリック（PIF）

検討を行った．それら成形条件を表6.1に示す．$V_f = 50\%$のPIFを用い，成形温度を370, 380, 390℃, 成形圧力を1, 3, 5 MPa, 保持時間を0, 1, 3, 5, 10, 20 minと変化させ，成形品を作製した．

6.3 PIF の成形

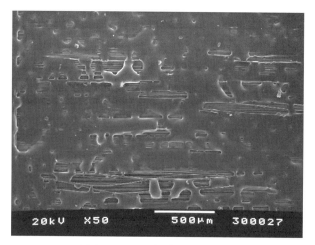

図 6.11　PIF 表面の SEM 写真

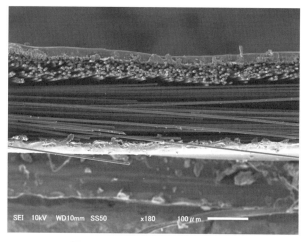

図 6.12　PIF の断面の SEM 写真

第6章 熱可塑性樹脂パウダーを用いた成形法とその特性

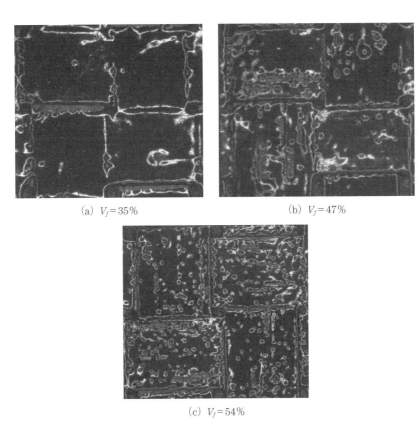

図6.13 V_f が異なる場合の PIF 表面の拡大写真

6.3 PIF の成形

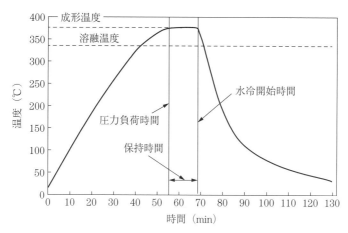

図 6.14 成形時の金型温度履歴

表 6.1 成形条件

	V_f (%)	成形温度 (℃)	成形圧力 (MPa)	保持時間 (min)
①	54	370	5	10
②	54	370	5	5
③	54	370	5	20
④	54	370	3	10
⑤	54	370	1	10
⑥	54	380	5	5
⑦	54	390	5	5
⑧	54	370	5	1
⑨	54	370	5	3
⑩	54	370	5	0
⑪	54	370	3	0
⑫	54	370	1	0
⑬	54	370	1	10
⑭	54	380	5	0

第6章 熱可塑性樹脂パウダーを用いた成形法とその特性

6.4 含浸特性評価

得られた CF/PEKK 複合材料の含浸状態を確認するため,光学顕微鏡を用いて断面観察を行った.観察面の研磨が必要となるため,炭素繊維の長手方向に対し直交方向に各成形品を切り出し,研磨しやすいように熱硬化性樹脂を用いて包埋した.その後,研磨機を用いて研磨し,金属顕微鏡(OLYMPUS-PME3)を用いて断面観察を行った.断面観察の結果得られた FRTP 断面の一例を図 6.15 に示す.楕円で示された領域内の黒色の領域は母材樹脂が含浸していない未含浸領域である.この未含浸領域を定量的に扱うため,成形品断面中の未含浸領域を画像解析ソフト ImageJ(アメリカ国立衛生研究所(NIH))

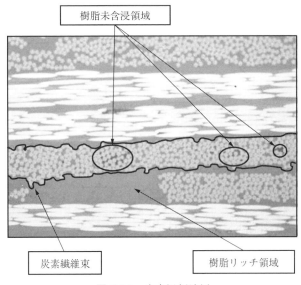

図 6.15 未含浸領域例

6.4 含浸特性評価

を用い二値化処理を行うことによって定量化し，成形品断面積で除した値を未含浸率と定義して比較検討した．

図6.16に成形圧力5 MPa，保持時間5分で各成形温度における成形品の断面写真を示す．また，図6.17に未含浸率と成形圧力の関係を示す．全て成形温度において未含浸率が0.5 %以下という低い値を示したことから，本成形条

(a) 370℃

(b) 380℃

(c) 390℃

図6.16 成形温度を変えた場合の各試験片の断面観察写真

第6章 熱可塑性樹脂パウダーを用いた成形法とその特性

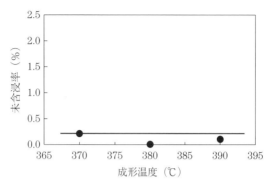

図6.17　未含浸率と成形温度の関係

件では十分な含浸状態が得られたと言える．

　図6.18に成形圧力5 MPa，成形温度370℃で各保持時間における成形品の断面写真を示し，図6.19に未含浸率と成形圧力の関係を示す．全て成形温度において未含浸率が0.5%以下の低い値を示したことから，本成形条件では十分な含浸状態が得られたと言える．

　図6.20に保持時間0分，成形温度370℃で各成形圧力における成形品の断面写真を，図6.21に保持時間10分，成形温度370℃で各成形圧力における成形品の断面写真を，図6.22に未含浸率と成形圧力の関係を示す．保持時間0分において成形圧力の増加に伴い，未含浸率が減少していることが分かる．また，保持時間10分において，全て成形温度において未含浸率が0.5%以下という低い値を示したことから，本成形条件では十分な含浸状態が得られたと言える．

6.4 含浸特性評価

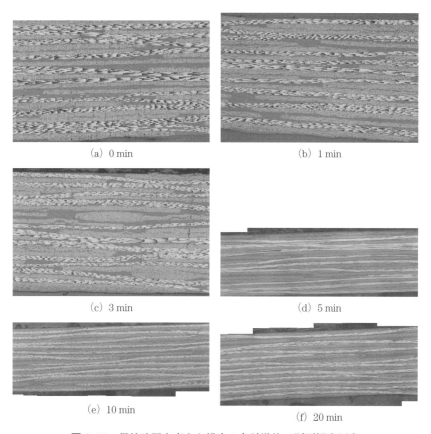

(a) 0 min
(b) 1 min
(c) 3 min
(d) 5 min
(e) 10 min
(f) 20 min

図 6.18　保持時間を変えた場合の各試験片の断面観察写真

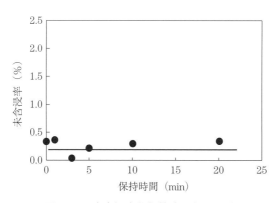

図 6.19　未含浸率と保持時間との関係

第6章　熱可塑性樹脂パウダーを用いた成形法とその特性

(a) 1 MPa

(b) 3 MPa

(c) 5 MPa

図 6.20　成形圧力を変えた場合の各試験片の断面観察写真
（保持時間 0 分の場合）

6.4 含浸特性評価

(a) 1 MPa

(b) 3 MPa

(c) 5 MPa

図 6.21 成形圧力を変えた場合の各試験片の断面観察写真
（保持時間 10 分の場合）

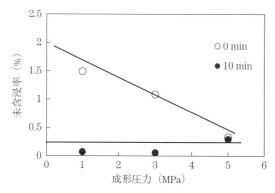

図 6.22 未含浸率と成形圧力との関係

6.5 力学的特性評価

6.5.1 静的引張試験方法

得られた CF/PEKK 開繊糸織物強化平板を用いて静的引張試験を行った.各試験片は幅 20 mm,長さ 200 mm の短冊状とし,供試体より所定の寸法に切り出した.試験片厚さは約 1.3 mm であった.両端より 50 mm の領域をつかみ部とし,チャック間距離は 100 mm とした.試験はインストロン型万能試験機(4206 型)を用い,試験速度 1.0 mm/min で行った.

6.5.2 成形温度が力学的特性に及ぼす影響

図 6.23 に引張試験により得られた引張強度と成形温度の関係を示す.また,図 6.24 に各成形温度における引張強度と未含浸率の関係を示す.成形温度

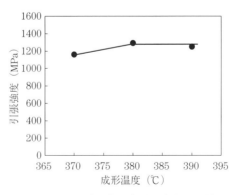

図 6.23 引張強度と成形温度との関係

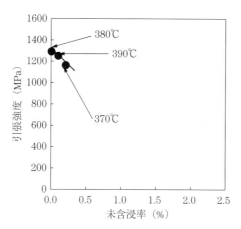

図 6.24 成形温度が異なる場合の引張強度と未含浸率との関係

380℃まで，成形温度の上昇とともに引張強度は増加しており，それ以上では一定の値を示した．このことから成形温度には380℃以上が望ましいことが示唆された．

また，未含浸率はほとんど差が見られないにもかかわらず，引張強度に差が出ていることから，含浸が完了した後も保持時間によって引張強度に影響があったことが示唆された．

6.5.3 保持時間が力学的特性に及ぼす影響

図 6.25 に引張強度と保持時間の関係を示す．また，図 6.26 に各保持時間における引張強度と未含浸率の関係を示す．保持時間10分までは保持時間の増加に伴って引張強度が増加し，それ以上の保持時間では一定の値を示していることが分かった．このことから最大の強度を得るためには10分以上の成形温度が必要であることが示唆された．また，含浸が完了しているにもかかわらず，保持時間の違いが強度に影響を及ぼすことが明らかとなった．

この違いが何に起因しているかを検証するため，保持時間1分と10分の成

第6章 熱可塑性樹脂パウダーを用いた成形法とその特性

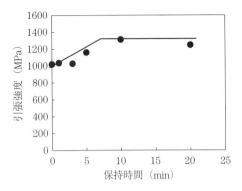

図 6.25　引張強度と保持時間との関係

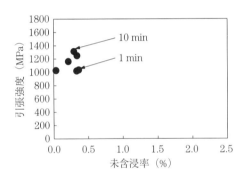

図 6.26　保持時間が異なる場合の引張強度と未含浸率との関係

形品の破断面の SEM 写真を撮影した．それぞれを図 6.27 および図 2.28 に示す．その結果，保持時間 1 分と比較して保持時間 10 分の方が繊維表面に樹脂が多く付着していることが分かった．このことから保持時間の違いが，繊維/樹脂界面に影響を及ぼすことが明らかとなった．

6.5.4　成形圧力が含浸特性に及ぼす影響

図 6.29 に保持時間 0 分と 10 分の場合の引張強度と成形圧力の関係を示す．

6.5 力学的特性評価

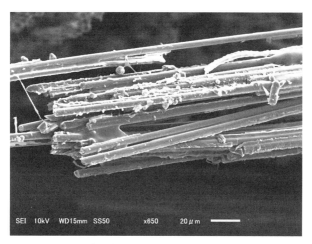

図 6.27　引張試験後の破断面の SEM 写真（保持時間 1 分の場合）

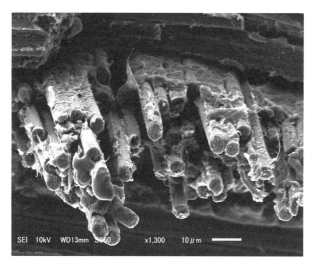

図 6.28　引張試験後の破断面の SEM 写真（保持時間 10 分の場合）

第 6 章　熱可塑性樹脂パウダーを用いた成形法とその特性

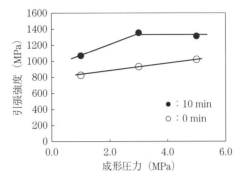

図 6.29　引張強度と成形圧力との関係
（保持時間 0 分と 10 分の場合）

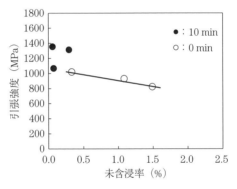

図 6.30　引張強度と未含浸率との関係
（保持時間 0 分と 10 分の場合）

保持時間 0 分において，成形圧力の増加に伴い，引張強度が増加していることが分かる．これは，図 6.30 から圧力の増加に伴う未含浸率の減少に起因していると考えられる．また，保持時間 10 分において，成形圧力の増加に伴い，成形圧力 3 MPa まで強度が増加し，それ以降は一定の値を示すことが分かる．さらに含浸が十分であるにもかかわらず，引張強度に差が生じていることが分かった．そこで，成形圧力 1 MPa と 5 MPa の試験片の破断面の SEM 観察を

6.5 力学的特性評価

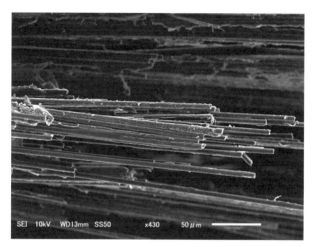

図6.31　引張試験後の破断面のSEM写真（成形圧力1 MPaの場合）

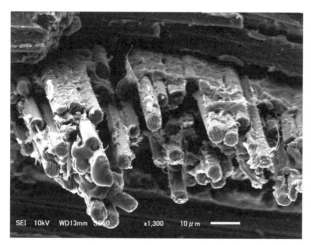

図6.32　引張試験後の破断面のSEM写真（成形圧力5 MPaの場合）

行った．それぞれを図6.31および図6.32に示す．その結果，成形圧力1 MPaと比較して成形圧力5 MPaの方が繊維表面に樹脂が多く付着していることが分かった．このことから成形圧力の違いが，繊維/樹脂界面に影響を及

第6章　熱可塑性樹脂パウダーを用いた成形法とその特性

ぼすことが明らかとなった．

　本章では，樹脂パウダーを使用した中間材料である PIF の製造方法とその含浸特性について述べた．また成形条件が含浸特性と力学特性に及ぼす影響について検討した．

　粉体塗装を参考に開発された PIF の製造においては，樹脂パウダーを制御するために様々な物理現象を考慮する必要があると言える．

　含浸特性に関しては，短時間で含浸が完了することから，PIF は優れた中間材料であることが明らかとなった．これは，PIF が樹脂パウダーにより網目状に被覆されているため，内部の空気が成形時に外に逃げやすい構造になっていることが1つの重要なポイントであると言える．また，溶融粘度が非常に高い樹脂も PIF にすることにより十分に含浸することが明らかとなった．

参考文献

1) 平成19年度　熱可塑性樹脂複合材料の機械工業分野への適用に関する調査報告書，日機連19，先端-12　金井他 1.3　プリプレグの製造方法，p.17-22
2) E. Werner：Proc 42nd SAMP Conf. 1997, p.708
3) P. Johnson and T. Grene T.：Machine Design, 2000, p.72, 79
4) J. P. Nunes. J. F. Silvac etc：in Proc. SPE, ANTEC, 2001
5) E. Werner：Patent. PCT WO. 03/024609, 2003

第7章

含浸理論

熱可塑性樹脂の溶融粘度は，硬化前の熱硬化性樹脂と比較して極めて高い．熱硬化性樹脂としてエポキシ樹脂，熱可塑性樹脂としてナイロン（PA6）樹脂を例に取ると，前者は数十 Pa·s であるのに対して，後者は数百〜数千 Pa·s である．そのために，熱可塑性樹脂を強化繊維束に含浸させることが困難である．特に，連続繊維強化複合材料においては，繊維を流動させず，繊維集合体に樹脂を浸み込ませる（含浸させる）成形形態を取ることから，より含浸が困難であり，含浸不十分の成形品では，力学的特性が低下する．

含浸とは，強化材の周囲の空気をマトリックス樹脂と置換すること，と定義される．図 7.1 に示すように，繊維束の周囲の空気がマトリックス樹脂と置換することをウエットスルー（Wet-through），フィラメントの周囲の空気とマトリックス樹脂が置換し，強化材の周囲に空気層がなくなることをウエットアウト（Wet-out）という．これに対応して，一般に含浸には，樹脂が溶融し基材を構成する繊維束まで流動する巨視的流動と，繊維束内に含浸する微視的流動に分けて考える必要がある（図 7.2）．

近年，高速成形に関する要求が高まり，連続繊維強化熱可塑性樹脂複合材料プリプレグなどを予備加熱し，適度に加熱した金型のプレス圧力により金型形状に成形するスタンピング成形や，電磁誘導加熱などを用いて金型を急速に加熱冷却する急速加熱冷却成形など，高速成形加工技術の開発が行われている．

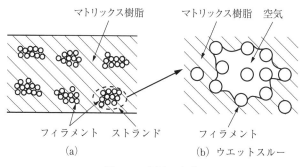

図 7.1　含浸の定義

第7章 含浸理論

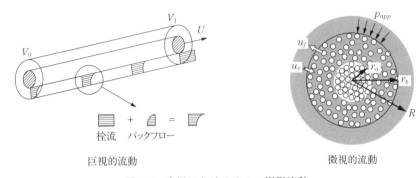

巨視的流動　　　　　　　　　　　　微視的流動

図 7.2　含浸における 2 つの樹脂流動

一方で，樹脂が繊維に含浸するのに要する時間というものを考慮する必要があり，含浸に要する時間に対して成形時間が短い場合，高速成形は可能であっても，含浸が不十分な成形品が得られることとなる．

したがって，含浸に要する時間を予測することは，最適成形条件の設定および材料設計の指針となる．そこで本章では，浸透現象を取り扱ったダルシー則 (Darcy's Law)[1)〜3)] に毛細管浸透現象[4)] を組み込み，さらに樹脂の繊維束内方向への流れによって生じる繊維のはまり込みによる透過率の低下を考慮に入れた式を提案し，繊維集合体に溶融状態の母材樹脂が未含浸部分を残さず繊維束内に完全に含浸する時間を予測する手法について述べる．

7.1　一方向単層板における繊維配列

一方向単層板では，全ての繊維は互いに平行に並んでいる．理想的な状態では図 7.3 に示すように，繊維は円形断面で同一直径を持ち，六角形または正方形に配列しているものと考えられる．図 7.3 に示すような六角形配列における

7.1 一方向単層板における繊維配列

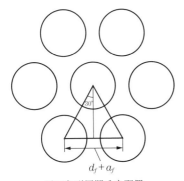
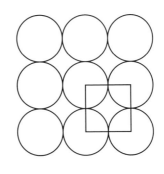

正三角形周期千鳥配置
(六角形配列)

正方形周期最密充填配置

図 7.3 仮定した繊維配置

繊維体積含有率 ϕ_f は，次式で表される．

$$\phi_f = \frac{\frac{1}{2}\cdot\frac{\pi}{4}d_f^2}{\frac{1}{2}\cdot(d_f+a_f)\cdot\frac{\sqrt{3}}{2}(d_f+a_f)} = \frac{\sqrt{3}}{6}\cdot\frac{\pi d_f^2}{(d_f+a_f)^2} \tag{7.1}$$

d_f：繊維の直径, a_f：繊維間距離

ここで繊維間距離とは，繊維表面から隣接する繊維表面までの距離とする．特に $a_f=0$ の場合（繊維間距離が 0 の場合），式(7.1)は次式となる．

$$\phi_{f,\max}^{\mathrm{hex}} = \frac{\sqrt{3}}{6}\pi \cong 0.91 \tag{7.2}$$

この $\phi_{f,\max}^{\mathrm{hex}}$ は六角形配列における最大の繊維体積含有率を示している．式(7.1)および式(7.2)より，繊維間距離 a_f は次のように表すことができる[8]．

$$a_f = d_f\left(\sqrt{\frac{\phi_{f,\max}^{\mathrm{hex}}}{\phi_f}} - 1\right) \tag{7.3}$$

第7章 含浸理論

 ダルシー則

流体が層流状態で充填層,固体層などの多孔体中を透過する現象はダルシーにより次式のように表現されることが見いだされた[1].

$$u_z = \frac{Q}{A} = K\frac{\Delta P}{L} \tag{7.4}$$

u_z:見かけの流動速度　　Q:流量
A:多孔体の断面積　　ΔP:厚さ L の多孔体内の圧力降下
K:浸透係数(透過率)

単位圧力勾配で通過する単位粘度当たりの流体容積,すなわち,流量 Q は,単位長さ当たりの圧力勾配 $\Delta P/L$ に比例する.

ここで,流れに直角な断面の空隙の面積比は,多孔体の空隙率に等しいと置くことができ,真の流動速度は次式で表される.

$$u = \frac{u_z}{\varepsilon_p} \tag{7.5}$$

u:真の流動速度　　ε_p:多孔体中の空隙率

また,繊維集合体の場合,空隙率は次式で表される.

$$\varepsilon_p = 1 - V_f \tag{7.6}$$

V_f:含浸されていない領域の繊維体積含有率

7.3 コゼニー-カルマン(Kozeny-Carman)の式

　毛細円管から単位時間当たりに流出する流体の体積 Q は，ハーゲン-ポアズイユ(Hagen-Poiseuille)の式で表すことができる[4]．

$$Q_c = \frac{\pi \Delta P}{8 L_c \eta} \left(\frac{d_c}{2} \right)^4 \tag{7.7}$$

ここで d_c：円管の直径，L_c：円管の長さ，η：粘性率である．式(7.4)より，単位面積当たりの流量，すなわち流動速度は，

$$u = \frac{Q_c}{\pi (d_c/2)^2} = \frac{\Delta P}{8 L_c \eta} \left(\frac{d_c}{2} \right)^2 \tag{7.8}$$

で表され，d_c^2 に比例し，η に反比例する．コゼニーは d_c の代わりに平均動水力半径 r_h を用いて一般化した．平均動水力半径 r_h とは，筒断面の流体に接する周りの長さに対する管の断面積で与えられ，次式で表される．

　円管の場合

$$r_h = \frac{\frac{\pi}{4} d_c^2 L_c}{\pi d_c L_c} = \frac{d_c}{4} \tag{7.9}$$

　多孔体の場合

$$r_h = \frac{\varepsilon_p}{S} = \frac{\varepsilon_p}{S_p (1 - \varepsilon_p)} \tag{7.10}$$

　　S：多孔体の単位体積当たりの表面積
　　S_p：多孔体の固体のみの単位体積当たりの表面積(比表面積)

式(7.9) = 式(7.10)より

$$d_c = \frac{4\varepsilon_p}{S_p(1-\varepsilon_p)} \tag{7.11}$$

したがって,式(7.8)は k_0 を定数として,r_h を用いることにより次式で表すことができる.

$$u = \frac{r_h^2 \Delta P}{k_0 \eta L} \tag{7.12}$$

L:真の流動距離

そして式(7.10)を式(7.12)に代入することにより,コゼニー–カルマンの式が導かれる.

$$u = \frac{\varepsilon_p^2 \Delta P}{k_0 \eta S_p^2 (1-\varepsilon_p)^2 L} \tag{7.13}$$

ここで,見かけの流動長さを L_z とすると,真の流動速度は,

$$u = \frac{1}{\varepsilon_p}\left(\frac{L}{L_z}\right) u_z \tag{7.14}$$

となる.したがって,見かけの流動速度を表すコゼニー–カルマン式は次式で表される.

$$u_z = \frac{1}{k S_p^2 \eta} \frac{\varepsilon_p^3}{(1-\varepsilon_p)^2} \frac{\Delta P}{L_z} \tag{7.15}$$

ここで,

$$k = k_0 \left(\frac{L}{L_z}\right)^2 \tag{7.16}$$

とした.

7.4 繊維集合体への応用

摩擦係数 f とレイノルズ (Reynolds) 数 Re の関係を log-log プロットしたときの直線をファニング (Fanning) の式という. レイノルズ数は一般に次式により与えられる.

$$Re = \frac{Du\rho}{\eta} \tag{7.17}$$

D：円管の直径　　ρ：流体の密度

一般に, 円形断面を有する管において, ファニングの式は式(7.18)が用いられる.

$$\Delta P = 4f\left(\frac{\rho u^2}{2}\right)\left(\frac{L}{D}\right) \tag{7.18}$$

f：摩擦係数

多孔体中におけるファニングの式について考えた場合, 管の断面形状は円形状と考えにくい. 円形断面以外の断面を有する管路の摩擦損失を考えた場合, D の代わりに管断面の大きさを表す方法として(7.10)に示した平均動水力半径 r_h を用いて, 次のように表すことができる.

$$\Delta P = 4f\left(\frac{\rho u^2}{2}\right)\left(\frac{L}{4r_h}\right) \tag{7.19}$$

式(7.10)および式(7.14)を, 式(7.17)および式(7.19)に代入することにより式(7.20)および式(7.21)が得られる.

$$Re = \frac{\rho u_z}{\eta}\frac{L}{L_z}\frac{4}{S_p(1-\varepsilon_p)} \tag{7.20}$$

$$f = \frac{2}{\rho} \frac{\varepsilon_p^3}{S_p(1-\varepsilon_p)} \left(\frac{L_z}{L}\right)^2 \frac{\Delta P}{L} \frac{1}{u_z^2} \tag{7.21}$$

繊維集合体について考えた場合,単位体積中の繊維の総長をL_f,繊維半径をr_fとすると,式(7.10)で示した面積S_pは次式のようになる.

$$S_p = \frac{2\pi r_f L_f}{\pi r_f^2 L_f} = \frac{2}{r_f} \tag{7.22}$$

また,式(7.20)に式(7.22)を代入した式と式(7.21)に式(7.22)を代入した式の積により,式(7.23)が得られる.

$$fRe = \frac{2}{\eta} \frac{\varepsilon_p^3 r_f^2}{(1-\varepsilon_p)^2} \left(\frac{L_z}{L}\right)^2 \frac{\Delta P}{L_z} \frac{1}{u_z} \tag{7.23}$$

流体において,摩擦係数fとレイノルズ数Reの関係は一般的に図7.4に示すように両対数で表される.レイノルズ数が小さい層流状態において,摩擦係数とレイノルズ数との関係は傾き-1の直線関係となる.一方レイノルズ数が大きくなり,乱流状態になると直線関係は認められない.含浸工程においてレ

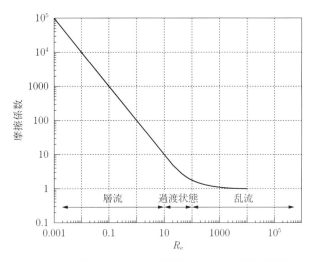

図7.4 流体における摩擦係数とレイノルズ数の関係

7.4 繊維集合体への応用

イノルズ数は層流域にあるものと考えられる．そこで，グラフの直線部分より摩擦係数 f と Re は次式のように表すことができる．

$$fRe = a_0 \tag{7.24}$$

ここにおいて a_0 は定数である．

式(7.23)の右辺の項が定数 a_0 に等しいとすることにより，見かけの流動速度 u_z は次の式で与えられる．

$$u_z = \left\{ \frac{2}{a_0} \frac{\varepsilon_p{}^3 r_f{}^2}{(1-\varepsilon_p)^2} \frac{1}{(L/L_z)^2} \right\} \frac{\Delta P}{\eta L_z} \tag{7.25}$$

ここで L/L_z を B とすると，

$$u_z = \left\{ \frac{2}{a_0 B^2} \frac{\varepsilon_p{}^3 r_f{}^2}{(1-\varepsilon_p)^2} \right\} \frac{\Delta P}{\eta L_z} \tag{7.26}$$

となる．

ここでコゼニー–カルマン定数 k^* を次式と定義する．

$$k^* = \frac{a_0 B^2}{8} \tag{7.27}$$

式(7.6)と式(7.27)を式(7.26)に代入することによりコゼニー–カルマンの式が得られる．

$$u_z = \frac{r_f{}^2}{4k^*} \frac{(1-V_f)^3}{V_f{}^2} \frac{\Delta P}{\eta L_z} = K \frac{\Delta P}{\eta L_z} \tag{7.28}$$

k^*：コゼニー–カルマン透過率

式(7.4)と式(7.26)を比較することによって

$$K = \frac{r_f{}^2 (1-V_f)^3}{4k^* V_f{}^2} \tag{7.29}$$

と導くことができる．

第7章 含浸理論

7.5 グトブスキ（Gutowski）モデル

　実際の成形において，繊維束が圧縮されれば，繊維は再配列を行い，繊維／樹脂間に繊維がはまり込む．したがって，コゼニー-カルマンの式における透過率 K が減少する．グトブスキらはこのことを考慮し，コゼニー-カルマンの式を修正した[5)〜7)]．

　繊維に対して垂直な樹脂の流れを想定すると透過率は

$$K_z = \frac{\varepsilon_f m^2}{k^*} \tag{7.30}$$

ε_f：樹脂が透過することのできる体積率

m：（樹脂が透過することのできる面積）/（ぬれ指数）

k^*：コゼニー-カルマン定数

と表すことができる[7)]．

　図7.5に想定した断面の模式図を示す．樹脂が透過することのできる面積

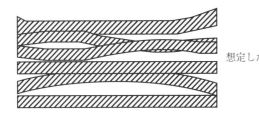

図7.5　グトブスキモデルの概念

7.5 グトブスキ（Gutowski）モデル

a_{flow} と全体の面積 a_{total} は

$$a_{\text{flow}} \cong \frac{cL}{2} \tag{7.31}$$

$$a_{\text{total}} \cong \left(d + \frac{c}{2}\right)L \tag{7.32}$$

となる．したがって，

$$\varepsilon_f = \frac{\dfrac{cL}{2}}{dL + \dfrac{cL}{2}} \tag{7.33}$$

$$m = \frac{\dfrac{cL}{2}}{2L} \tag{7.34}$$

となる．

したがって，式(7.33)と式(7.34)を式(7.30)に代入すれば，

$$K_z \cong \frac{1}{16k^*} \frac{c^3}{2d+c} \tag{7.35}$$

となる．繊維は配列を考慮すると式(7.3)より

$$c = d\left(\sqrt{\frac{V_a}{V_f}} - 1\right) \tag{7.36}$$

ここで，V_a：最大繊維体積含有率が得られる．式(7.36)を式(7.35)に代入すると修正された透過率 K_z が導かれる．

$$K_z = \frac{r_f^2 \left(\sqrt{\dfrac{V_a}{V_f}} - 1\right)^3}{4k^* \left(\sqrt{\dfrac{V_a}{V_f}} + 1\right)} \tag{7.37}$$

r_f：繊維の半径

K_z は $V_a=1$ の時，最も式(7.29)に近くなるが，$V_a<1$ の時は，式(7.29)よりも低い透過率 K_z を示す．式(7.37)を式(7.28)に代入することにより，修正されたコゼニー–カルマンの式を得ることができる．

$$u_z = K_z \frac{\Delta P}{\eta L_z} \tag{7.38}$$

7.6 含浸時間の予測手法

　連続繊維強化熱可塑性樹脂複合材料の加熱圧縮成形における含浸を考える．頭初で述べたように，含浸には，樹脂が溶融し基材を構成する繊維束まで流動する巨視的流動と，繊維束内に含浸する微視的流動の両者を考慮する必要がある．しかし，巨視的流動については成形方法および成形品寸法などに依存すること，一方で，微視的流動に必要な時間と比較すると短時間で溶融した樹脂が繊維束まで到達することから，ここでは，微視的流動に要する時間を含浸時間とする．

　様々な中間材料が存在するが，ここでは，強化繊維束が円形となるカバーリングタイプの繊維状中間材料を例に予測手法を概説する．図7.6にマイクロブレイディッドヤーン（Micro-braided Yarn：組物技術を用いて炭素繊維の周りに樹脂繊維をカバーリング下繊維状中間材料）を用いた加熱圧縮成形によって作製した成形開始直後の成形品の断面写真を示す．繊維束間に空隙は存在せず，巨視的含浸が完了している．また，カバーリングによって炭素繊維束がほぼ円形断面を有していることが分かる．円形の最外部から繊維束中央に向かって微視的流動，すなわち含浸が行われており，円の中心に未含浸領域が存在する．したがって，マイクロブレイディッドヤーンを用いた加熱圧縮成形における含

7.6 含浸時間の予測手法

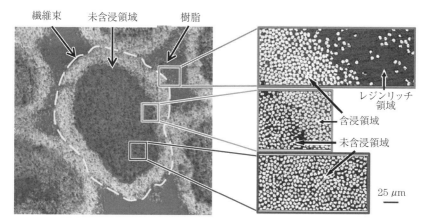

図 7.6　繊維状中間材料の含浸過程

浸に要する時間,すなわち含浸時間は,強化繊維束の断面形状を円と見なし,繊維束中央部から最外部までの距離を樹脂が流動するのに要する時間とした.

　浸透現象を取り扱ったダルシー則に毛細管浸透現象を組み込み,さらに樹脂の繊維束内方向への流れによって生じる繊維のはまり込みによる透過率の低下を考慮に入れた式(7.38)を用いて,含浸時間を予測する式を導出する.

　式(7.38)において $u_z = \dfrac{dL_z}{dt}$ とすると,次式になる.

$$\frac{dL_z}{dt} = K_z \frac{\Delta P}{\eta} \frac{1}{L_z} \tag{7.39}$$

ある時刻 t_0 における流動長 L_{z0} が,時刻 t_1 には L_{z1} になったとすると,

$$\int_{L_{z0}}^{L_{z1}} L_z dL_z = K_z \frac{\Delta P}{\eta} \int_{t_0}^{t_1} dt \tag{7.40}$$

となる.したがって,流動長が L_{z0} から L_{z1} まで進行するために要する時間は次式で与えられる.

$$t_1 - t_0 = \frac{1}{2K_z} \frac{\eta}{\Delta P} (L_{z_1}^{\ 2} - L_{z_0}^{\ 2}) \tag{7.41}$$

$t_1 - t_0 = \Delta t$ と置き,式(7.37)より K_z を代入すると

$$\Delta t = \frac{2k^* \left(\sqrt{\frac{V_a}{V_f}} + 1\right)}{r_f^2 \left(\sqrt{\frac{V_a}{V_f}} - 1\right)^3} \frac{\eta}{\Delta P} (L_{z_1}^2 - L_{z_0}^2) \tag{7.42}$$

が得られる.ここで時刻 t_0 における流動長 L_{z0} を 0 とし,時刻 t_1 における流動長 L_{z1} を含浸距離 I_d とすると,

$$\Delta t = \frac{2k^* \left(\sqrt{\frac{V_a}{V_f}} + 1\right)}{r_f^2 \left(\sqrt{\frac{V_a}{V_f}} - 1\right)^3} \frac{\eta}{\Delta P} I_d^2 \tag{7.43}$$

となる.

次に,含浸距離 I_d を幾何学的に算出する.1本のマイクロブレイディッドヤーンにおいて,強化繊維束が占める面積は次式で表される.

$$S_b = \pi I_d^2 = n_f S_f \tag{7.44}$$

S_b:1本のマイクロブレイディッドヤーンにおいて
強化繊維束が占める面積

S_f:強化繊維束中の1本の繊維が占める面積

n_f:フィラメント数

繊維配列が六角形配列であると仮定すると,図7.3より,強化繊維束中において,1本の繊維が占める面積 S_f は次式で示される.

$$S_f = \cos 30° (d_f + a_f)^2 = \frac{\sqrt{3}}{2} (d_f + a_f)^2 \tag{7.45}$$

式(7.44)に式(7.2),式(7.3)および式(7.45)を代入することにより次式が導かれる.

$$I_d = \sqrt{\frac{n_f \cos 30°}{\pi}} (d_f + a_f) = \frac{d_f}{2} \sqrt{\frac{n_f}{V_f}} = r_f \sqrt{\frac{n_f}{V_f}} \tag{7.46}$$

7.6 含浸時間の予測手法

　加熱圧縮成形においては，繊維束に高圧力が加えられる．そのため，圧力を加えられた状態における，マイクロブレイディッドヤーンの強化繊維束内の繊維体積含有率は一方向単層板における六角形配列の最大繊維体積含有率式(7.2)であるとする．

　ここで，

$V_f = 0.65$

$V_a = 0.83$

$r_f = 3.5 \times 10^{-6}$ (m)

$\Delta P = 3.9 \times 10^{6}$ (Pa)

$\eta = 700$ (Pa·s)

$k^* = 0.2$

$n_f = 12000$

とした場合について式(7.43)および式(7.46)を用いた結果12分25秒となった．含浸されていない繊維集合体の繊維体積含有率V_f，繊維半径r_fおよびフィラメント数n_f，すなわち含浸距離I_dが含浸時間Δtに及ぼす影響についてそれぞれ計算を行った．

　(1) 繊維体積含有率V_fを0.5，0.6，0.7とした場合についてΔtを求めた結果，V_fが0.5の場合は1分30秒，V_fが0.6の場合は5分22秒，V_fが0.7の場合は33分32秒となった．

　(2) 繊維半径r_fを8.5×10^{-6} m(8.5 μm)および3.5×10^{-6} m(3.5 μm)とした場合についてΔtを求めた結果，繊維半径r_fを8.5×10^{-6} mとした場合は12分14秒，3.5×10^{-6} とした場合は12分15秒となった．

　(3) フィラメント数n_fを3,000，6,000，12,000とした場合についてΔtを求めた結果，n_fが3,000の場合は3分2秒，n_fが6,000の場合は6分7秒，n_fが12,000の場合は12分15秒となった．

　以上の計算結果より，繊維径の含浸時間に対する影響は小さいが，繊維体積含有率およびフィラメント数，すなわち，含浸距離は，大きく影響することが

第7章 含浸理論

分かる.

　近年,高速成形に関する要求が高まり,スタンピング成形や急速加熱冷却成形など,高速成形加工技術の開発が行われている.一方で,樹脂が繊維に含浸するのに要する時間というものを考慮する必要があり,含浸に要する時間に対して成形時間が短い場合,高速成形は可能であっても,含浸が不十分な成形品が得られることとなる.

　本章では,繊維集合体に溶融状態の母材樹脂が未含浸部分を残さず繊維束内に完全に含浸する時間を予測する手法について概説した.例として,強化繊維束が円形となるカバーリングタイプの繊維状中間材料を例に述べたが,基本的には,含浸距離を中間材料に応じて設定すれば,いずれの中間材料に対しても同様に算出可能である.一方,含浸が完全に完了した中間材料(オルガノシート,プリプレグ板など)を使用する場合,使用者は含浸に要する時間を考慮する必要はない.しかし,出発原料はいずれもドライな繊維であることから,中間材料を作製時に含浸に要する時間を考慮して製造しているということである.

　連続繊維強化熱可塑性樹脂複合材料の成形は,本書でもいろいろ紹介しているように,樹脂の形態(モノマー,粉末,繊維など),中間材料(ドライファブリック,セミプレグ,プリプレグなど),および成形方法の組み合わせが多く存在する.これらを選択する際には,本章で述べた含浸時間も考慮したうえで,最適な中間材料設計,構造設計,成形設計を行う必要がある.

参考文献

1) H.P.G.Darcy:"Les fontaines publiques de la ville de Dijon", Dalmont, Paris, 1856
2) S.Vossoughi and F.A.Seyer:"Pressure drop for flow of polymer solution in a model porous medium", The Canadian Journal of Chemical Engineering, 52, Oct (1974), pp.666〜669
3) 小石 真純,榑松 一彦:「含浸技術とその応用・解析」,テクノシステム,第3章,

pp.40~42, 1989
4) 同上 第2章, pp.40~42
5) T.G.Gutowski, T.Morigaki and Z.Cai : "The consolidation of laminate composites", Journal of Composite Materials, 21, Feb (1987), pp.172~188
6) T.G.Gutowski, Z.Cai, S.Bauer, D.Boucher, J.Kingery and S.Wineman : "Consolidation experiments for laminate composites", Journal of Composite Materials, 21, Jul (1987), pp.650~669
7) Williams, J.G., C.E.M.Morris and B.C.Ennis : "Liquid Flow Through Aligned Fiber Beds", Poly.Eng.and Sci., 14 (6) pp.413-419 (1974)
8) Gutowski, T., G., J.Kingery and D.Boucher : "Experiments in Composites Consolidation: Fiber Deformation", Proceedings of the Society of Plastics Engineers 44th Annual Technical Conference (May 1986)

第8章

熱可塑性樹脂と熱硬化性樹脂

繊維強化プラスチック（FRP）は，成形性が良いプラスチックを母材（Matrix）とし，これに強度を担う繊維を強化材として組み合わせて，単一材料では得られない機械的強度を含めた様々な物性を実現している．特に，最近ではカーボン繊維をはじめとして高強度繊維が次々に開発されてきたため，高強度の複合材料が可能となり，航空・宇宙分野に代表されるような比強度，比弾性を生かした強度部材としての利用が進み，構造強度やこれを担う強化繊維が注目されてきている．本章では，母材となるプラスチック材料に焦点を当てて，その化学構造と，化学構造からある程度推定される物性について解説する．

複合材料を成形する場合，大きな強度を確保するためには長繊維あるいは連続繊維が必要となるので，マトリックスの樹脂は繊維と組み合わせる（含浸させる）時に粘度の低い流動性状が必要となり，その場で硬化することのできる熱硬化性樹脂が便利である．一方で，大量生産，低コストを目指すのであれば，マトリックスには熱可塑性樹脂を用いたいところであるが，この場合には高粘度の溶融樹脂と混練することのできる短繊維を用いることになる．

8.1 高分子材料とは[1),2)]

8.1.1 高分子材料

高分子材料は，一般的には10万以上の大きな分子量を持つものを指し，その巨大な分子の大きさが他の物質と異なる特殊な物性を与えている．植物をはじめとして天然には非常に多くの高分子が存在し，実際に大昔より材料として用いられてきた．天然ゴムなどは現在でも現役の天然高分子材料である．酢酸セルロースのように天然物に何らかの化学変化を与えた半合成樹脂も使われて

きた．一方，科学技術の発展により，石油由来の低分子化合物（モノマー）をいくつもつないで「高分子」に重合することができるようになったことで，高分子材料は大量に使われるようになり，様々な種類が合成されるようになってきた．最初は，ゴムや絹を代替する目的で，天然の素材を真似た化学構造を追及してきたが，合成化学が進むにつれて天然には存在しない幾百もの高分子が製造生産されるようになっている．JISでは，プラスチックは高分子（多くの場合合成高分子）を主原料として人工的に有用な形状に形作られた固体で，その中から繊維，ゴム，塗料，接着剤などを除いている．

8.1.2 モノマーとポリマー

高分子材料は，分子内の共有結合により長鎖となるとともに，ファンデルワールス力による分子間の相互作用の影響が大きく，絡み合いを含めて複雑な力学状態にある．天然であれ，人工であれ，高分子の巨大な分子量は重合により達成される．もともとポリマーとはギリシャ語の「多くの部分」が語源だと言われており，多くの小さな分子が一緒に結合して大きな分子，すなわちポリマーを形成する．この時，元になる簡単な化合物の側は単量体＝モノマーと呼ばれる．

重合は主に2つに大別される化学反応で行われる．1つは「連鎖（重合）反応」で，もう一方は「逐次（重合）反応」と呼ばれる．また，単量体分子同士が一緒に付加する「付加重合」と，水のような比較的単純な分子の脱離を伴った反応で進む「縮合重合」があり，これらはほぼ前述の連鎖と逐次とに対応する．

8.2 連鎖重合ポリマー

8.2.1 ラジカルビニル重合

連鎖反応では，遊離基（ラジカル）あるいはイオン（カチオンでもアニオンでも）といった反応性に富んだ化合物が消費されると同時に，それと類似の反応性に富んだものが生成する．エチレンの重合はこの典型的な例で，ラジカルがC=C二重結合を攻撃して連鎖的に付加反応する．ラジカルが単量体に付加すると新たなそれよりも大きなラジカルを形成し，これによって重合が進んでいく．

図8.1に示した連鎖開始および連鎖成長段階が進んでラジカルの濃度が増すと，ラジカル同士が結合する連結反応，および片側へラジカルが移動する不均化反応が起きて連鎖反応は停止へ向かう（図8.2）．別の化学種がラジカルとなる連鎖移動も起き，その別化学種ラジカルの反応性が乏しい場合には，反応の抑止剤として用いることができる．アミン，フェノール，キノンなどがこの抑止剤として働く．

例えば過酸化物のような開始剤が少量存在する条件でラジカルを発生させると，二重結合（置換エチレン），すなわちビニル基が重合反応する．このため

$$\text{Rad}\cdot\ +\ \text{CH}_2=\text{CH}_2\ \longrightarrow\ \text{Rad CH}_2\text{CH}_2\cdot$$

$$\xrightarrow{\text{CH}_2=\text{CH}_2}\ \text{Rad CH}_2\text{CH}_2\text{CH}_2\text{CH}_2\cdot$$

$$\xrightarrow{\text{CH}_2=\text{CH}_2}\ \text{Rad}(\text{CH}_2\text{CH}_2)_n\text{CH}_2\text{CH}_2\cdot$$

図8.1 連鎖反応重合（開始反応〜連鎖成長）の例．エチレンからのポリエチレン（PE）の合成

第8章 熱可塑性樹脂と熱硬化性樹脂

表 8.1　ビニル重合における置換基とポリマー

X	H	Cl	OCOH	OH
ポリマー	ポリエチレン（PE）	ポリ塩化ビニル（PVC）	ポリ酢酸ビニル（PVAc）	ポリビニルアルコール（PVA）
X1	Cl	CH$_3$	CH$_3$	
X2	Cl	COOR	CH$_3$	
ポリマー	ポリ塩化ビニリデン（PVDC）	ポリメタクリル酸エステル	ポリイソブチレン（PIB）	

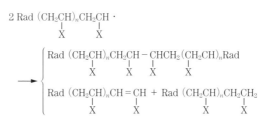

図 8.2　連鎖停止段階の例．連結反応（上）と不均化反応（下）

この反応はビニル重合とも呼ばれる．このような反応を起こす置換エチレンの置換基とその置換基に相当するポリマーを表 8.1 に示す．

8.2.2　カチオン / アニオン重合

カチオン重合，すなわち酸触媒での重合は，連鎖を持続させるためにカルボカチオン中間体の安定性が必要であり，電子供与性の官能基がビニル基上にある場合にのみ反応が進行する．例えばイソブチレンでは起こるが，塩化ビニルでは反応しない．

同じように，アニオン重合も電子吸引性の官能基がある場合に可能となる．アクリロニトリルやスチレンがこの方法で重合することができる．瞬間接着剤

	C$_6$H$_5$	COOR	CN	OCH$_3$	CH$_3$
	ポリスチレン (PS) 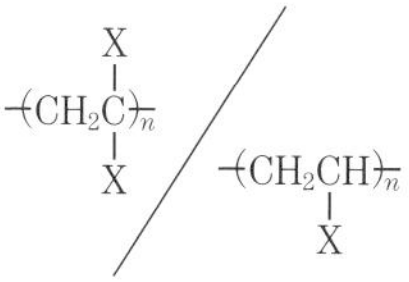	ポリアクリル酸エステル	ポリアクリロニトリル (PAN)	ポリビニルメチルエーテル (PVME)	ポリプロピレン (PP)

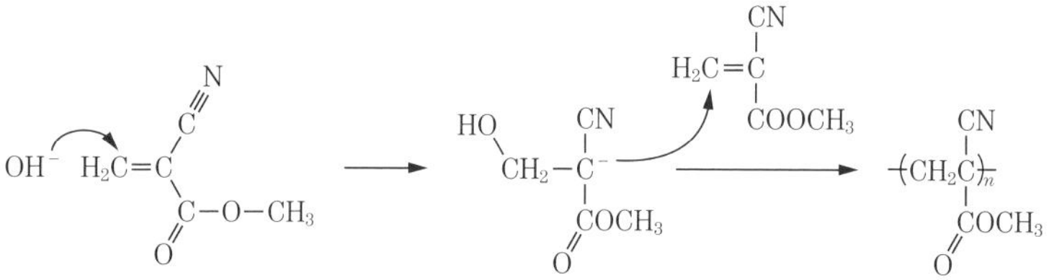

$$\mathrm{-(CH_2C)\!-_n}\!\!\!\begin{array}{c}X\\|\\|\\X\end{array} \Big/ \mathrm{-(CH_2CH)\!-_n}\!\!\!\begin{array}{c}\\|\\X\end{array}$$

図 8.3 α-シアノアクリル酸メチルの重合過程

として使われるα-シアノアクリル酸メチルは，C=C二重結合に2つの強力な電子吸引基があるために，アニオンによる付加が特に容易な化合物である（図8.3）．被着体の表面に僅かな水または塩基があればこの重合を開始することができるので，モノマーだけを塗布して接着することができる．

8.2.3 Ziegler-Natta 触媒による立体制御

　置換基を有するビニルモノマーが重合すると，4つの異なる手を持つ炭素（不斉炭素原子＝キラル中心という）ができる．これは立体的には鏡面に映したものと重なり合わない2種類を生み，これによって立体的に異なるポリマー（立体異性体）が存在する．例えば，ポリプロピレンは図8.4に示すように，

第8章 熱可塑性樹脂と熱硬化性樹脂

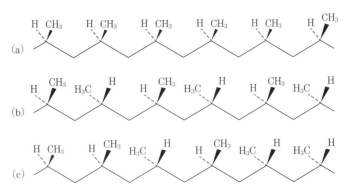

図 8.4 PP の (a) イソタクチック型, (b) シンジオタクチック型, (c) アタクチック型

(a) 全てのメチル基が同じ側にあるもの（イソタクチックという），(b) 交互になるもの（シンジオタクチックという）および (c) ランダムなもの（アタクチックという）が存在し，物性も異なっている．有機金属と遷移金属の錯体である Ziegler–Natta 触媒が開発された結果，この立体異性体の制御が可能となった．

さらにポリエチレンについても，この Ziegler–Natta 触媒によって従来の高圧法で作製していた場合に発生する枝分かれがない直鎖状の PE や，分子量が大きな高分子量ポリエチレン（HMW-PE），さらに分子量が 300 万〜600 万に達する超高分子量ポリエチレン（UHMW-PE）の重合が可能となった．これらのことから，Ziegler–Natta 触媒は高分子合成において革命的インパクトを与えたと言われている．直鎖状になると強度などに関与する結晶性が高くなり（結果として高密度になるため高密度ポリエチレン（HDPE）となる），また超高分子量では高強度でかつ耐摩耗性が期待される．

8.3 逐次重合ポリマー

8.3.1 逐次成長と縮合重合

　逐次反応は，各反応がその前の反応に依存せずに反応し，単量体が2つ以上の反応する官能基を持っているような場合に当たる．ポリエステルとポリアミド（PA）が代表的な例である．例えばグリコールの−OHとジカルボン酸の−COOHが反応するとエステルが生成するが，この形成されたエステルの末端には，図8.5に示すようになおそれぞれの官能基の−OHと−COOHが存在するので，さらにこれらが同じ反応をする．この反応が起きると更にこれらの官能基を有するより大きな分子となってポリエステルが形成される．この際には，水が縮合水として除かれる．

　ほとんどの場合，上述のように2つの官能基を持ったモノマー2種類の間の反応で合成される．例えば，アジピン酸（炭素数6）とヘキサメチレンジアミ

図8.5　逐次重合反応の例．エチレングリコールとテレフタル酸によるポリエステル（PET）の合成

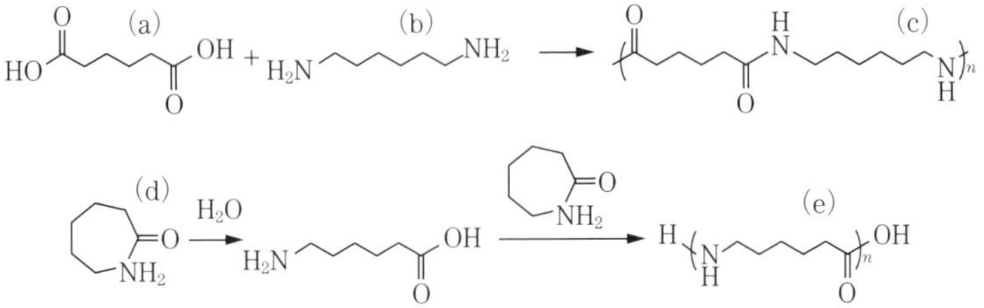

図 8.6 (a) アジピン酸と (b) ヘキサメチレンジアミンによる (c) ナイロン 66 と，(d) ε-カプロラクタムによる (e) ナイロン 6 の合成反応

ン（炭素数 6）の縮合反応でナイロン 66（PA66）となる．一分子中に異なる官能基を持っている場合でもよく，ε-カプロラクタムからのナイロン 6 の合成がその例となる（図 8.6）．

この他，ポリカーボネートやポリウレタンなどがこの反応に分類される．ポリカーボネートでは，ホスゲンの代わりにジフェニルカーボネートを使うと，縮合水の代わりにフェノールが遊離する．またウレタンではジイソシアナートを用いると水が取り込まれる化学構造のため，縮合水が発生しない．

8.4 ポリマーの構造と物理的性質[3),4)]

8.4.1 熱硬化性樹脂と熱可塑性樹脂

熱硬化性樹脂と熱可塑性樹脂との違いは，樹脂の基本的な化学構造に由来する．

図 8.7（A）に示すように，熱可塑性樹脂は枝分かれを含む直鎖状高分子が絡み合っている状態である．絡み合っているだけであるため，熱を加えると分

8.4 ポリマーの構造と物理的性質

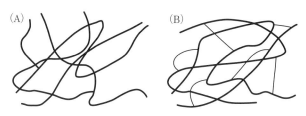

図 8.7 (A) 熱可塑性樹脂と (B) 熱硬化性樹脂

子同士の距離が広がるとともに絡み合いがほどけて，最終的には液状に溶融する．親和性の高い溶媒が分子間に浸入しても，分子間力が低下して分子間距離が広がり，膨潤もしくは溶媒和（溶解）する．

一方，熱硬化性樹脂では，同図 (B) に示すように，高分子間を共有結合で「架橋」した 3 次元のネットワークが形成される．このために，加熱しても分子間は結合したままであり，溶融せずに最終的には分解する．熱硬化性樹脂は，理想的にはどんなに大きな塊も 1 つの分子であり，これを 2 つに切ると 2 分子とみなすことができる．この加熱により架橋して 3 次元化する反応に由来して熱硬化性樹脂と呼ぶが，近年では光硬化などの熱以外の硬化方法も一般化してきており，ネットワークポリマーと称する方がよいかも知れない[5]．

これらの化学構造の差は，成形方法にも直接的に関わる．熱可塑性樹脂は長い鎖の絡み合いで形成されるので，ほとんどの場合既に高分子量化したものを溶融して成形する．これに対して，熱硬化性樹脂は架橋してしまうと不溶不融となるので，架橋反応時に形状が決定する．繊維強化複合材料では，液状のモノマーを含浸した上で，その場で架橋硬化することのできる熱硬化性樹脂が用いられることが多い．もちろん，熱可塑性樹脂でもモノマーを使えば含浸は容易で，これに反応条件を与えて高分子量化することも可能である．

8.4.2 結晶性

高分子は，同じ化学構造を持った小さい有機化合物と比べると，化学的性質というよりは物理的性質に差がある．この性質を大きく決める要素の1つに結晶性が挙げられる．長い分子は，1次元方向へは共有結合で結合しているが，3次元的には水素結合のような2次結合でしか作用しない．1次元的に長い熱可塑性樹脂は，本来ランダムに絡まり合い，方向性を持たない非結晶である．しかし，鎖を規則正しく密に詰め込むことに成功すると2次結合力が大きくなり，結果として大きな強度を得ることとなる．このような状態を高分子の結晶と言い，実際に，多くのプラスチックはその内部に結晶状の領域を持つ．ただ，部分的に結晶化しているので，その程度を結晶化度で表す．PSなどの透明な樹脂は非晶質であるが，PAやPP，PEなどの熱可塑性樹脂は側鎖が少ないと結晶部を持つようになる．さらにポリアセタール（POM）や四フッ化エチレン（PTFE）などでは8割程度の結晶性を持つ．

どのように規則正しい結晶を形成しているかについては諸説議論が行われてきているが，図8.8に示すように分子鎖が10〜20 nm程度の厚さに折りたたまれた構造であることが明らかにされている．この折りたたまれた部分をラメラ晶と言い，ラメラ間は非晶部である．しばしば，ラメラは更に集まって球晶構造を形成するために詳細は複雑である．

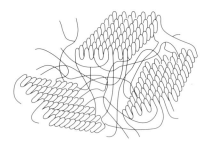

図8.8 分子鎖の折りたたみ構造による結晶モデル

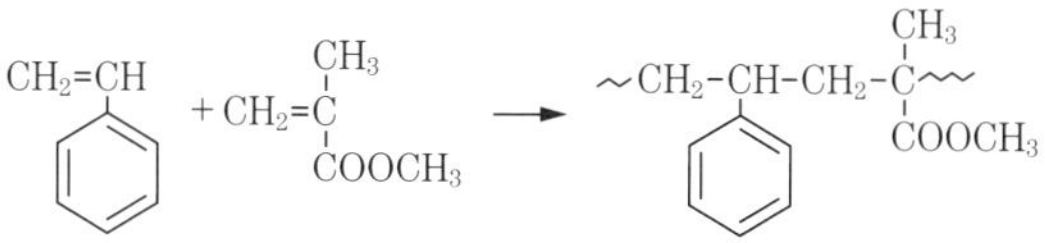

$$CH_2=CH\text{-}C_6H_5 + CH_2\text{-}C(CH_3)(COOCH_3) \longrightarrow \sim CH_2\text{-}CH(C_6H_5)\text{-}CH_2\text{-}C(CH_3)(COOCH_3)\sim$$

図 8.9 共重合の例．スチレンとメタクリル酸メチルによるAS樹脂（SANともいう）の合成

8.4.3 共重合体

単一のモノマーの重合により形成されるものをホモポリマー（単独重合体）と呼ぶ．しかし，複数の化合物から重合する場合もあり，これをコポリマー（共重合体）という．図 8.9 にスチレンとメタクリル酸メチルの共重合反応例を示す．これにより，どちらのホモポリマーとも性質の異なる，新しいポリマーの設計ができるようになった．

共重合体には，組み込まれるモノマーの分布によりいくつかのタイプがある．AとBの2種類のモノマーから形成される場合，AとBが交互に重合するものやランダムに連なるものが考えられる．また，ブロック共重合体と言ってA同士，B同士がある程度のブロックを形成してつながる場合や，グラフト共重合体と言ってAのポリマーの側鎖としてBのポリマーが形成される場合がある．

8.5 熱可塑性樹脂[3),4)]

FRPでは，繊維の間へマトリックス樹脂を流動させる必要があるために，成型前が液状の熱硬化性樹脂が多く使われ，熱可塑性樹脂をマトリックスとする場合は特別にFRTPなどと記述する．しかし，熱可塑性樹脂は一般的に成

形性が良いために圧倒的なコスト効果があり，実際生産量としても9割が熱可塑性樹脂である．

8.5.1 汎用樹脂 / オレフィン系樹脂

ポリエチレンを代表とする，炭素原子が直接共有結合により接続された長い直鎖状の巨大高分子鎖を主な骨格とする高分子である．元々，二重結合を有する直鎖炭化水素（エチレン，プロピレン，ブテン，…）を慣用的にオレフィンと呼んでおり，これがビニル重合したものという意味である．

PEやPPが代表的なこのポリマーでは，結晶性がある程度あっても一般的に比重が小さい（$\rho<1$）．化学構造が単純で均一である（特に分解する場所がない）ので耐薬品性が良く，表面エネルギーが小さいので接着性に劣る．また分子間の2次結合力が高くないので柔軟で耐衝撃性は高い．融点が低く射出流動性に優れているが，耐熱性は低く成形収縮率が大きい．

熱可塑性樹脂は，熱を加えると可塑化するので，シート状のPPとガラスもしくはカーボンクロスを交互に重ねてホットプレスで加熱加圧することでFRTPを成形することができるが，この際にはボイドの解消が問題となる．溶融温度まで加熱すれば，液状になるのでRTMも可能である．

8.2.1項では，表8.1にPEのHを1つもしくは2つ置換した高分子の例を示した．PEを含めて，置換基がCH_3のPP，ClのPVC，ベンゼン環のPSが汎用樹脂と位置付けられており，これらは世界的ポリマー生産量の6割を占める．置換基の分子量が大きいほど分子の運動が制限され，その結果弾性係数や耐熱性（T_g）が高くなる[6]．

8.5.2 エンジニアリングプラスチック

上述の汎用樹脂では耐熱性などが不足する場合，主鎖中に炭素以外の原子

（OやNなどのヘテロ原子）が導入された樹脂が用いられ，これらはエンジニアリングプラスチックと呼ばれる．ヘテロ原子があると，炭素とは手の数や電子を引く力が異なるために，その部分の原子間結合における回転自由度が制限され，その結果熱や外力が負荷されても変形し難くなる．例えば，図8.10に示すポリアミド（PA）の例では，Nがヘテロ原子であり，この部分でC同士の結合で可能な回転が制限される．同様に酸素Oの例としてはポリアセタール（POM）が挙げられる．

主鎖中へベンゼン環を導入すると，大きな回転しない主鎖部分が構築されるため，ヘテロ原子の導入以上に効果的である．例えば，図8.11にポリカーボネート（PC）の例を示す．この他にポリフェニレンエーテル（PPE）やポリブチレンテレフタレート（PBT）もベンゼン環を主鎖に導入したもので，前述のPAとPOMを加えて生産量的にも多いこれらを5大エンジニアリングプラスチック（通称エンプラ）という．

さらなる高耐熱性の樹脂を得るには，ヘテロ原子を含んだ芳香族（複素芳香族）が使われる．300℃を超えるような非常に高い耐熱性を示すポリイミド（PI）は，例えば図8.12に示すような構造を主鎖中に有している．この他，ポリアミドイミド（PAI）やポリエーテルエーテルケトン（PEEK）などがこ

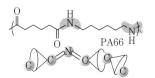

図8.10　ポリアミド66（PA66）内のヘテロ原子の役割

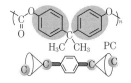

図8.11　ポリカーボネート（PC）内のベンゼン環の役割

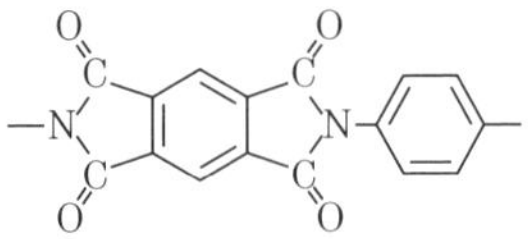

図 8.12　ポリイミド（PI）内の複素芳香環の例

れに相当し，スーパーエンプラなどと呼ばれている．

　耐熱性の高い樹脂としてもう1つ重要なものにフッ素樹脂群がある．ポリテトラフルオロエチレン（PTFE）に代表されるもので，耐熱性の他，耐薬品性，電気特性が高く，表面エネルギーがとても低い．特に PTFE は PE の H 原子を全て F 原子で置き換えたもので，分子量は 100 万以上で 300℃ 以上の高温でもほとんど流動せずに融解する前に分解する．このため PTFE は射出成形や押出成形ができない．そこで，このような目的に対して PFA, FEP, ETFE, PVdF といったコポリマーを用いている．

8.5.3　FRTP 用樹脂

　先にも述べたように，熱可塑性樹脂は一般的には高分子量化してペレット状の固体にしたものを原料とし，これを加熱溶融して製品の形状に形づくる．すなわちペレット状のものを二軸混練機などで加熱溶融して流動性を与えて型に注入するので，FRTP とする場合には短繊維と混練することになる．

　長繊維と組み合わせる場合，真空を使うなどしてボイドの生成が回避できれば，フィルム状のポリマーシートとガラス繊維あるいは炭素繊維のクロスあるいはマット基材を重ねて，ホットプレスで加熱圧縮することで，長繊維に熱可塑性樹脂が含浸された FRP 板を成形することができる．このような板状 FRTP は加熱圧縮成形により様々な形状に短時間で賦形でき，さらに後で再加工も可能なので，特に自動車を主とする分野で注目されている．

　比較的融点の低い PE にしても RTM などでクロスやマット基材に樹脂を加

熱溶融で含浸させるのは困難であり，一般的にはモノマーで供給して基材内で硬化反応する熱硬化性樹脂が使われる．そこで，熱可塑についても，低粘度のモノマーを繊維に含浸し，基材内で高分子量化させることができれば，含浸の容易さと，後からの賦形可能性といった熱硬化性と熱可塑性FRP両者のメリットが期待できる．これを実現させるべく，現場重合型の熱可塑性樹脂が検討されている．

例えば，融点70℃程度のモノマーとなるε-カプロラクタムを触媒とともに繊維基材内に供給すると，アニオン開環重合反応によりI-PA6ができる[7]．一般に結晶性樹脂を高温から急冷すると結晶化度が低くなり，結晶化による強度の向上が期待できなくなるが，このI-PA6の場合には結晶が分解する温度に比べて低い温度で流動化し，かつ重合できるので，結晶化度を高くすることができる．この特徴のため良い機械的特性を実現することが可能となる．

この他にも，60℃で液状化可能な現場重合型熱可塑性エポキシ樹脂が提案されている[8]．8.6.2項で述べるように，エポキシ樹脂は一般に熱硬化性となるが，リン系触媒の選択により二官能フェノールと直鎖状に重合させることで熱可塑とする．上述のI-PA6よりも重合時間が短くても同等の強度が得られ，この場合もプレス機による2次加工が可能である．

8.6 熱硬化性樹脂[3),4)]

先に述べたようにFRPに用いるマトリックス樹脂には，熱硬化性樹脂が使われてきた．以下，マトリックスとして重要な熱硬化性樹脂について述べる．

8.6.1 スチレン架橋樹脂

　不飽和ポリエステル（UP）に代表されるラジカル架橋型の樹脂が用いられている．不飽和基があっても，UP単独では8.2.1項に示すような重合はできないが，スチレンによる共重合で簡単に架橋する．スチレンは，ポリエステルの溶媒としても働き，樹脂粘度を用途に応じて調整することができる．

　しかしUPはエステルゆえに加水分解性があり，耐水性や耐食性という観点からは劣る場合がある．ここで，不飽和ポリエステルとエポキシ樹脂の両者の改良から，ビニルエステル樹脂（VE）なるものが開発されてきた．これも，スチレンにより共重合架橋する．当初，製造方法からエポキシアクリレートなどの名称が用いられたが，現在はビニルエステルでほぼ統一されている．

(1) 不飽和ポリエステル[9]

　UPは，グリコールと多塩基酸を直接エステル化して合成する．ネオペンチルグリコール，イソフタル酸と不飽和基供給源としてフマル酸を用いる例を図8.13に示す．エステル化により縮合水が生成するため発熱は少ない．

　多塩基酸の代わりに酸無水物を用いれば，縮合水は発生しないが発熱に注意が必要となる．図8.14に，プロピレングリコールと無水フタル酸，無水マレイン酸を用いる例を示す．

　エステル交換反応を利用して，間接的にポリエステルとする方法や，グリコールの代わりにエポキシ化合物を反応させてもUPを合成できる．

　不飽和多塩基酸は，無水マレイン酸とフマル酸のいずれかが使われる．飽和多塩基酸の方は，無水フタル酸の他，イソフタル酸を用いると，耐熱水性や機械的特性および中程度の耐薬品性が得られ，テレフタル酸を用いれば更に優れた耐熱水性と耐薬品性が得られる．また，ヘット酸（図8.15）では含ハロゲンにより難燃性を付与され，アジピン酸のような脂肪族を用いると柔軟性が向上する．

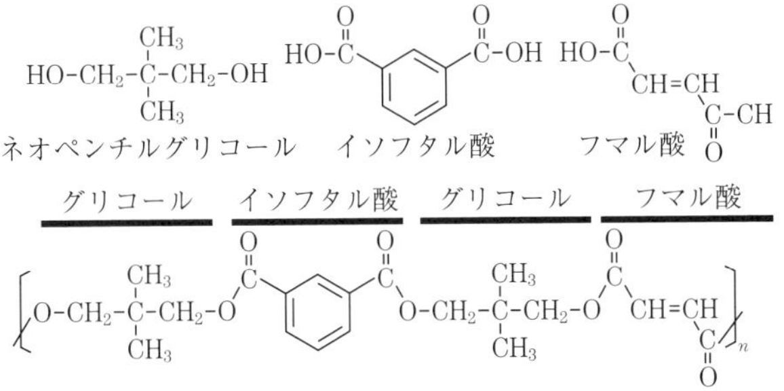

図 8.13　一般的な不飽和ポリエステル原料と，この組み合わせで生成するポリエステル主鎖の構造

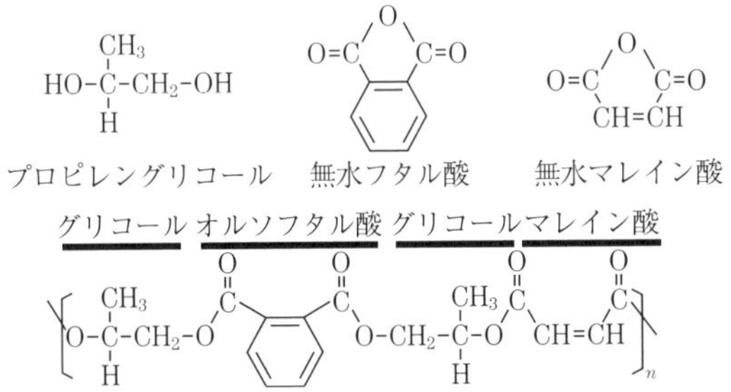

図 8.14　酸無水物による不飽和ポリエステル原料と，この組み合わせで生成するポリエステルの構造

図 8.15　ヘット酸（クロレンド酸）の構造

第8章 熱可塑性樹脂と熱硬化性樹脂

グリコールの一般的な選択は,図8.14に示したプロピレングリコールは,物性のバランスやスチレンとの相溶性が高い.ジプロピレングリコールは,靭性が付与される割に硬さが得られ,かつスチレンとの相溶性がある.しかしこれらは耐候性が低いので屋外用途には適さない.一方,図8.13に示したネオペンチルグリコールは耐水性や耐薬品性に加えて耐候性がよい.

(2) ビニルエステル樹脂[10]

VEは,エポキシ樹脂を出発原料に開発されたもので,主たる骨格は後述のエポキシ樹脂と同じものが中心となる.UPは主鎖中にエステルを有するため,主鎖自体が加水分解性を持つのに対して,VEは図8.16に示すように,エポキシ樹脂に対してアクリル酸などの不飽和一塩基酸を反応させて末端に不飽和基を導入したものであるため,エステルは末端にのみ存在する.これにより加水分解性が低く抑えられるので,耐食FRP用のマトリックス樹脂に用いられている.

一般的なVEの主鎖にはビスフェノール構造が用いられている.この構造を図8.17に示す.スチレンにより低粘度となるので強化繊維に含浸させることが容易で,またスチレンとの反応性も良い.ビスフェノールA型の主鎖骨格ゆえ,耐薬品性に加えて高い耐熱性,可撓性,靭性,接着性が発現し[11],耐食FRP,フレークライニング,あるいは光硬化樹脂のベース樹脂として用いられている.

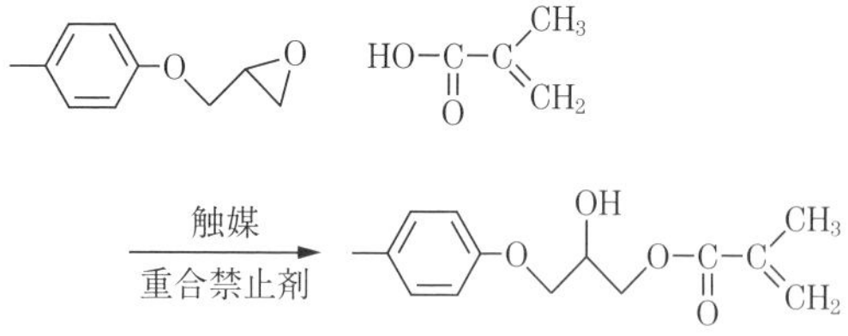

図8.16 エポキシとメタクリル酸の反応によるビニルエステル樹脂の生成反応

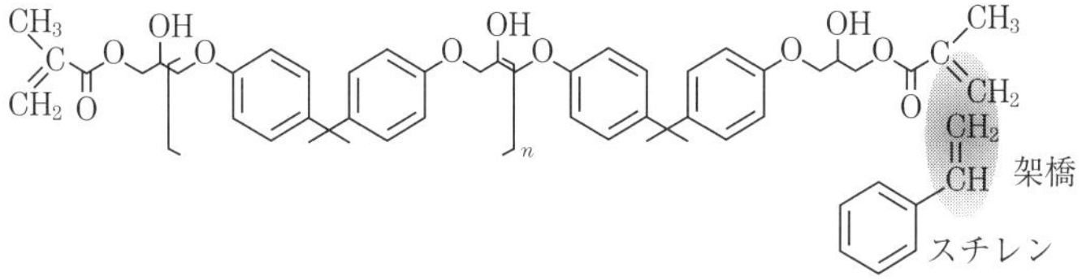

図 8.17 ビスフェノール型ビニルエステル樹脂の構造

　ノボラック型の主鎖骨格を有した VE は，耐熱性と耐溶剤性に富むので，酸・アルカリに加えて有機溶剤が混在するような環境を扱う耐食機器，あるいは排煙脱硫装置のような高温で耐食性が求められる用途に用いられている．

　主鎖骨格を臭素化した場合には難燃性が加わり，多環芳香族系エポキシ樹脂やイソシアヌレートなどの複素環骨格を導入した樹脂は耐熱性が高く，また水添して脂環にすれば耐候性が得られるといった傾向はエポキシ樹脂と同じである．

　不飽和一塩基酸には，重合性や耐薬品性から，耐食 FRP 用途のビニルエステル樹脂にはメタクリル酸が，また光硬化にはアクリル酸が用いられている．

8.6.2　エポキシ樹脂[12)~14)]

　エポキシ樹脂は高い接着特性のため，FRP において強化繊維を一体化して応力の伝達を担うマトリックスとして大変魅力的な樹脂の1つである．さらに電気絶縁性や化学的安定性も高いために，多方面の目的に適用が可能な樹脂である．

　エポキシ樹脂は，主剤と呼ばれるいわゆるエポキシ環を含んだ樹脂化合物と，硬化剤と呼ばれる化合物との開環付加反応により形成され，これらの組み合わせによって様々な性質のものを選ぶことが可能となる．

　炭素原子2つと酸素原子1つで形成される3員環状エーテルをエポキシ環，あるいはオキシラン環と呼び，このエポキシ環を有する化合物を一般にエポキ

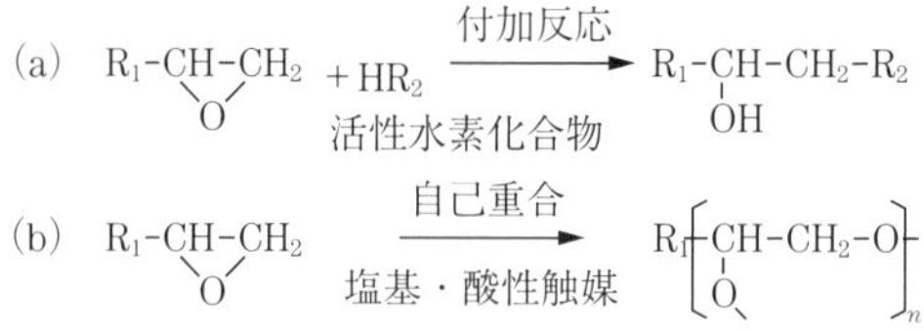

第 8 章　熱可塑性樹脂と熱硬化性樹脂

$$
\begin{align*}
&\text{(a)} \quad R_1\text{-CH-CH}_2 + HR_2 \xrightarrow[\text{活性水素化合物}]{\text{付加反応}} R_1\text{-CH-CH}_2\text{-}R_2 \\
&\phantom{\text{(a)} \quad R_1\text{-CH-CH}_2}\!\!\!\!\!\!\!\!\!\underset{O}{} \phantom{\xrightarrow[\text{活性水素化合物}]{\text{付加反応}}} \phantom{R_1\text{-CH-CH}_2}\!\!\!\!\!\underset{OH}{} \\
&\text{(b)} \quad R_1\text{-CH-CH}_2 \xrightarrow[\text{塩基・酸性触媒}]{\text{自己重合}} R\!\!\left[\text{CH-CH}_2\text{-O}\right]_n \\
&\phantom{\text{(b)} \quad R_1\text{-CH-CH}_2}\!\!\!\!\underset{O}{}
\end{align*}
$$

図 8.18　エポキシ樹脂の反応．(a) 活性水素化合物との付加反応，(b) エポキシ樹脂の自己重合反応

シドという．ISO 472 では，このエポキシ環を 2 つ以上持つことで"架橋することのできるモノマー"をエポキシ樹脂であると定義している．

エポキシ樹脂は中性では安定で保存が容易であるが，酸性，塩基性の両方の活性水素によって付加反応する．一方で，触媒によってアニオン重合やカチオン重合も可能と反応性に富み，反応経路の選択肢が広い（図 8.18）．

この硬化反応は開環付加反応であるため，反応時の縮合水の発生がなく，硬化収縮を抑える効果がある．さらに，反応後に形成される −OH のために高い接着力がある．ここで硬化収縮とは，化学結合が形成されると一般的に分子間距離が縮まるので，重合時に発生する体積減少のことで，残留応力の原因となり，寸法安定性が下がる．開環重合は環を開くことで一部であるが体積収縮を抑える効果があり，結果としてエポキシ樹脂の硬化収縮は不飽和ポリエステルよりも小さい．

(1)　エポキシ樹脂主鎖

最も一般的に用いられているエポキシ樹脂は，ビスフェノール構造を骨格に持つジグリシジルエーテルビスフェノール型エポキシであり，生産量の実に 7 割程度に当たる．これは，図 8.19 に示すように，ビスフェノールとエピクロルヒドリンの反応で得られる．

このビスフェノールの構造は，2 つのフェノールをアセトンでつなぐため "A" 型と呼ぶ．反応性，接着性，耐薬品性，電気特性などバランスよく高い

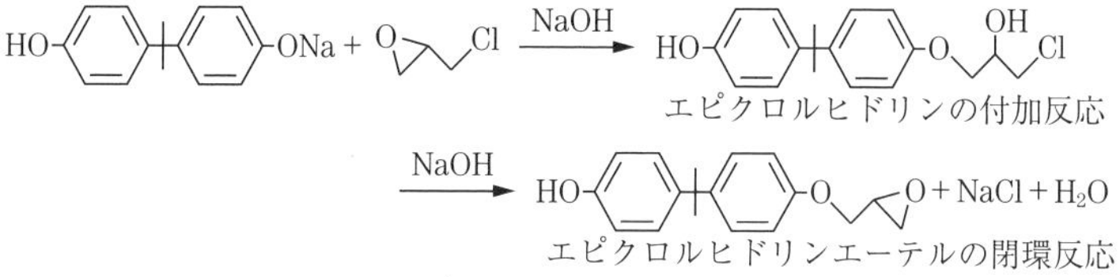

8.6 熱硬化性樹脂

図 8.19　ビスフェノールとエピクロルヒドリンによるエポキシ樹脂の合成反応

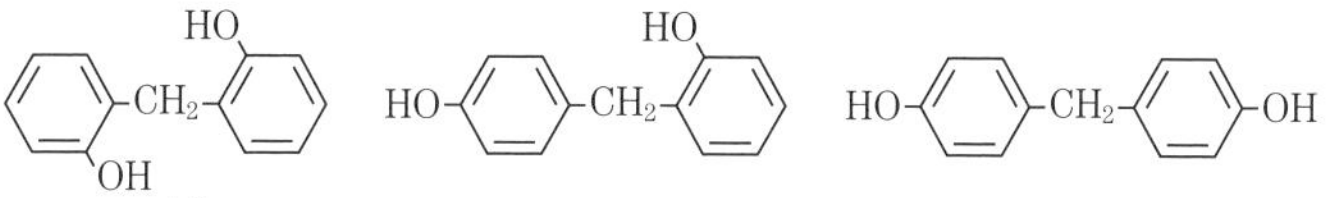

図 8.20　ビスフェノール F 型エポキシ樹脂の異性体

物性を示すため，複合材料を含めたあらゆる用途に用いられている．同様にホルムアルデヒドでつないだものは"F 型"という．A 型は−OH がほぼ全て反対側に付くが，F 型は立体障害が少ないため異性体がほぼ同じ割合で混合されたもの（図 8.20）となり，その結果約 1/3 程度の低粘度が発現する．

　ビスフェノール骨格エポキシの臭素化物は，ハロゲンによる難燃化が特徴で，主な用途はプリント配線基板（PCB）を中心とする難燃化が要求される電気絶縁材料である．

　ビスフェノール型に次いで，先の F 型が複数重合したものに相当するノボラック型が使われている．特に半導体の封止材には，オルト位（フェノール OH の隣）にメチル基を導入したオルトクレゾールノボラック樹脂にフェノールノボラックを硬化剤として用いている（図 8.21）．これにより樹脂と架橋剤とが共に多官能で芳香族リッチとなり，耐熱性，耐吸湿性，低熱膨張性に優れた硬化物となる．

(2)　エポキシ硬化剤

　エポキシの硬化剤として，重付加反応により硬化するポリアミン，酸無水物

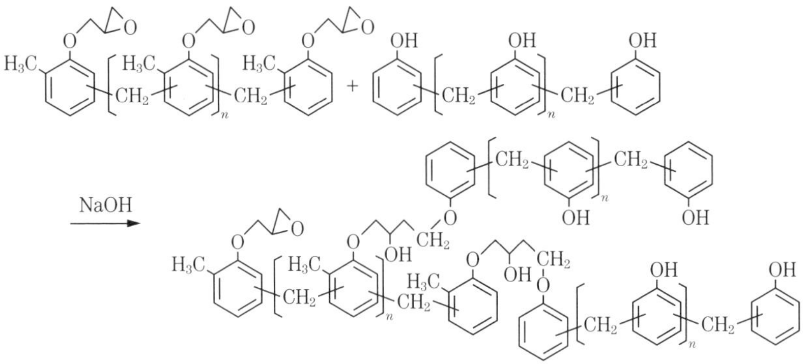

第8章 熱可塑性樹脂と熱硬化性樹脂

図 8.21 o-クレゾールノボラック型エポキシ樹脂のノボラックフェノールとの硬化反応

のような活性水素化合物と，触媒作用で硬化させるアニオン重合のイミダゾール，カチオン重合の BF_3 アミン錯体が挙げられる．これらはエポキシと硬化剤を混合することで反応が始まるので，顕在型あるいは2液型という．これらに対して，高温など特別な刺激を与えて初めて硬化が始まる DICY のようなものは，エポキシ樹脂と混ぜた状態でも保存可能な硬化剤となり，このような硬化剤を潜在型，あるいは1液型という．

ポリアミン（複数のアミノ基を有する化合物）は，代表的なエポキシ硬化剤であり，脂肪族，脂環式，芳香族共に用いられる．常温硬化が可能でかつ強靭で接着性が高いために，FRPをはじめ接着剤，土木建材，塗料分野などで用いられている．

脂肪族ポリアミンには，図 8.22 に示す (a) ジエチレントリアミンのようなポリエチレン型のポリアミンに加えて，(b) メタキシレンジアミンのようにアミンは直鎖にあるが芳香環を持つものもある．脂環式の例としては，(c) イソホロンジアミン，芳香族の例としては，(d) ジアミノジフェニルメタンなどがある．脂肪族系は塩基性が高く，それだけ反応性がよい．逆に芳香族は反応には時として加熱や触媒を必要とするが，耐薬品性や耐熱性が良くなる．

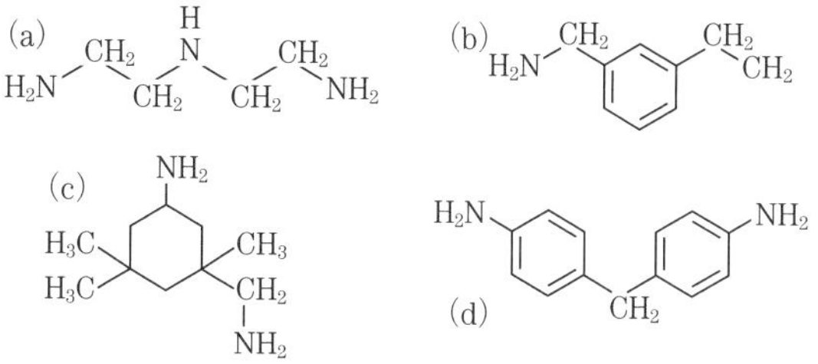

図 8.22 ポリアミン硬化剤の化学構造例.（a）ジエチレントリアミン（DETA），（b）メタキシレンジアミン（MXDA），（c）イソホロンジアミン（IPDA），（d）ジアミノジフェニルメタン（DDM）

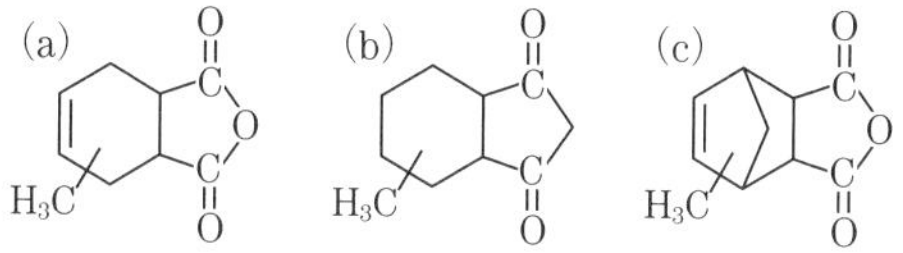

図 8.23 液状酸無水物硬化剤.（a）Me-THPA，（b）Me-HHPA，（c）NMA

　これら硬化剤単独では，アミンブラッシングと呼ばれる硬化不良を伴う白化現象（高湿あるいは炭酸ガスが原因）が，特に脂肪族で発生しやすく，さらに体質によりかぶれることがあるので，それぞれ白化防止や低刺激性にするといった目的の様々な改質変性が行われている．

　チオール化合物はアミンより更に反応性が高いが，臭気の問題があって使用範囲が限られていた．しかし，化合物の精製や高分子量化により，臭気の問題を解決したものも開発されている．

　酸無水物は，アミンに比べると反応性が低く，中温硬化（100〜150℃）が必要であるが，電気絶縁性能，機械強度，熱安定性に優れるため，電気・電子用途には一般的な硬化剤である．硬化温度の低減や硬化時間の短縮が必要な場合には，3級アミンなどの触媒を用いることがある．

　無水フタル酸（PA）やテトラヒドロ無水フタル酸（THPA）は共に固体であるが，図 8.23 に示すようにメチル化した Me-THPA などは液状で作業性

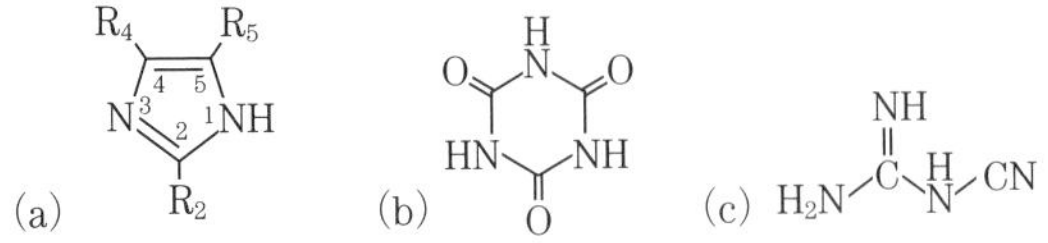

第8章 熱可塑性樹脂と熱硬化性樹脂

図 8.24 (a) イミダゾールおよび, (b) イソシアヌル酸 (ICA), (c) ジシアンジアミドの化学構造

がよい. (b) のように水添により二重結合がないものは透明グレードとして用いられる. 同図 (c) は耐熱性や耐湿性が高くなる.

先述したように, フェノールもノボラック型エポキシの硬化剤として働くが, 反応性は非常に低いので, 半導体封止のような高温で硬化する場合に用いている.

イミダゾール化合物は, エポキシ樹脂のアニオン重合型の触媒硬化剤として使われる. 図 8.24 (a) に示すような窒素を含む5員環化合物で, 1位にピロール型N, 3位にピリジン型Nを含み, 2, 4, 5位の置換基あるいはピロールのHの置換によって, 様々な性質のものが販売されている. さらに, イミダゾールは, イソシアヌル酸 (同図 (b)) と組み合わせることで潜在型の硬化剤となる. また, 酸無水物や後述のジシアンジアミド (DICY) (同図 (c)) の硬化促進剤としても重要である.

潜在型硬化剤の代表としてはDISYが挙げられる. 200℃に達する高温になってはじめて反応する. 潜在型はあらかじめエポキシ樹脂に混合した状態で出荷されるので, 配合比が変化せず, 製造現場で混合が不要で自動化に適している. DICYの他アミンアダクト化合物が熱刺激による潜在型の硬化剤として用いられている. 光を刺激として硬化を行う場合は, 紫外線の照射により分解して, カチオン重合の触媒を放出する化合物を用いる. 芳香族ジアゾニウム塩, 芳香族ヨードニウム塩などが使われる.

8.6.3 フェノール樹脂[15]

　フェノール樹脂は世界で最初に開発された人工高分子である．さらに電気絶縁性や化学的安定性も高いために，多方面の目的に適用が可能な樹脂である．フェノールをホルムアルデヒドにより架橋した構造となる．

　フェノール樹脂には，レゾール型とノボラック型の2種類があり，それぞれ図 8.25 のような化学構造を取る．レゾール型は，アルカリ触媒の下でフェノールに対してホルムアルデヒド過剰で生成するもので，多くのメチロール基（$-CH_2OH$）がベンゼン環に付いた熱硬化性の樹脂となる．一方で，ノボラック型は，酸触媒環境でフェノール過剰の条件で合成するもので，メチロール基や分岐はほとんどなく熱可塑的である．

　フェノール樹脂は優れた耐熱性を持つだけでなく，難燃性が高く，また燃焼時に発煙が少ないので，これらの特徴を生かした使途の展開が行われている．

　フェノール樹脂をマトリックスとする FRP は，200 ℃においても強度低下は室温の 10 % 程度であり，UP，VE，EP などが 100 ℃で 30 % 〜 50 % の低下を示すのに比べて高い耐熱性を示す．表 8.2 に示す酸素指数（OI）からも耐燃焼性が高いことが示される．米国 NBS 規格によるスモークチャンバー試験では，フェノールコンポジット燃焼時に CO の発生が少なく，毒性ガスの発生がないこと，煙の密度が EP や UP の 1/10 以下であることが示されている．

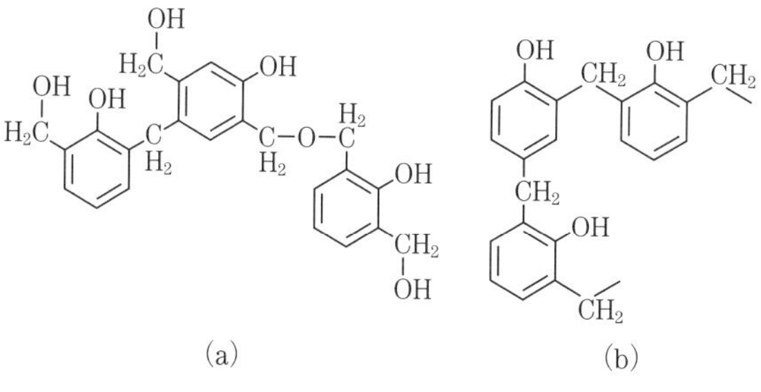

図 8.25　フェノール樹脂の化学構造　(a) レゾール型，(b) ノボラック型

第8章 熱可塑性樹脂と熱硬化性樹脂

表8.2 高分子材料の酸素指数

熱硬化性樹脂	OI値	熱可塑性樹脂	OI値
不飽和ポリエステル	17.5	POM	15〜16
エポキシ樹脂	19.8	PP	17〜19
ポリウレタン	18.5	PE	17.5〜19
フェノール樹脂	27.0	ABS	18.5
オルソ系UP-FRP	20.0	PC	24〜25
難燃型UP-FRP	29.7	軟質PVC	26.5
フェノールコンポジット（フィラーなし）	56.0	硬質PVC	53.0
フェノールコンポジット（フィラーあり）	>70		

特に欧州においては公共交通機関の事故を契機に公共の施設や交通車両では優先的にフェノールコンポジットが使われている．

参考文献

1) R.T.モリソン，R.N.ボイド著；中西，中平，黒野訳："モリソンボイド有機化学（下）"，東京化学同人（1994）
2) John McMurry著；伊藤，児玉ら訳："マクマリー有機化学（下）"，東京化学同人（2005）
3) L. E. Nielsen著；小野木重治訳："高分子と複合材料の力学的性質"，化学同人（1989）
4) プラスチック材料活用事典編集委員会編："プラスチック材料活用事典"，産業調査会（2001）
5) 井本 稔，大島敬治，鶴田四郎，垣内 宏：ネットワークポリマー，pp.1〜6（1996）
6) 佐藤 功："図解雑学プラスチック"，ナツメ社（2002）
7) 中村幸一，邉 吾一，平山紀夫，西田裕文：日本複合材料学会誌，37, 5, pp.182-189（2011）
8) エポキシ樹脂技術協会編："総説 エポキシ樹脂 最近の進歩Ⅰ"，エポキシ樹脂

技術協会，pp.422-430（2009）
 9)　滝山榮一郎："ポリエステル樹脂ハンドブック"，日刊工業新聞社（1988）
10)　ビニルエステル樹脂研究会編："ビニルエステル樹脂"，化学工業日報社（1993）
11)　久保内昌敏：強化プラスチック，54，pp.510-515（2008）
12)　エポキシ樹脂技術協会創立30周年記念出版編集委員会編："総説エポキシ樹脂"，エポキシ樹脂技術協会（2003）
13)　新保正樹編："エポキシ樹脂ハンドブック"，日刊工業新聞社（1987）
14)　越智光一，沼田俊一監修："電子部品用エポキシ樹脂の最新技術"，シーエムシー出版（2006）
15)　津田　健：材料科学，34，4，pp.175-178（1997）

索　引 (五十音順)

【あ 行】

アイゾット衝撃 …………………… 49
アダクト化合物 …………………… 214
アニオン …………………………… 193
アニオン重合 ……………………… 194
アニオン触媒 ……………………… 30
アミンブラッシング ……………… 213
一方向強化材 ……………………… 98
イミダゾール ……………………… 214
ウエットアウト …………………… 171
ウエットスルー …………………… 171
エッジワイズ衝撃 ………………… 50
エポキシ樹脂 ……………………… 209
塩基性 ……………………………… 212
エンジニアリングプラスチック … 203
押出成形 …………………………… 64
押出ラミネート法 ………………… 85
オレフィン ………………………… 202

【か 行】

開環重合 …………………………… 30
開環付加反応 ……………………… 210
開始剤 ……………………………… 30
界面状態 …………………………… 109
界面層構造モデル ………………… 111
界面分子構造モデル ……………… 111
架橋 ………………………………… 199
加水分解性 ………………………… 206
カチオン …………………………… 193
カチオン重合 ……………………… 194
活性水素 …………………………… 210
カップリング剤処理 ……………… 111
含浸距離 …………………………… 184
含浸時間 …………………………… 182
吸水率 …………………………… 9, 42
共重合反応 ………………………… 201
巨視的な樹脂流動 ………………… 127
グトブスキ（Gutowski）モデル … 180
組物 ………………………………… 129
クラック …………………………… 102
グラフト共重合体 ………………… 201
グリーンコンポジット …………… 12
クロスヘッドダイ ………………… 65
結晶化度 ……………………… 8, 39, 200
結晶性 …………………………… 196, 200
ゲル化時間 ………………………… 30
顕在型 ……………………………… 212
現場重合型 ………………………… 205
硬化収縮 …………………………… 210
高密度ポリエチレン ……………… 196
コゼニー－カルマン（Kozeny-Carman）の式 ……………………… 175
コポリマー ………………………… 201
コミングルドヤーン ……………… 118
混織ファブリック …………… 113, 116
混織糸（Commingled Yarn, CY）… 91
混織状態 …………………………… 94

混織ファブリック…………………116

【さ　行】

酸素指数……………………………215
ジシアンジアミド…………………214
縮合水………………………………197
水添……………………………209, 214
スーパーエンプラ…………………204
スタンパブルシート…………………3
スタンパブル成形法………………124
スタンピング成形……………………3
繊維含有率…………………………101
繊維状中間材料………………116, 121
繊維配列……………………………172
潜在型………………………………212

【た　行】

耐吸湿性……………………………211
耐候性………………………………208
耐食FRP……………………………208
耐熱水性……………………………206
耐薬品性……………………………206
ダブルベルトプレス…………………71
ダルシー則…………………………174
逐次（重合）反応…………………192
逐次反応……………………………197
中温硬化……………………………213
直鎖状高分子………………………198
低熱膨張性…………………………211
テキスタイル強化複合材料………115
電磁誘導加熱………………………123

【な　行】

難燃性……………………………206, 209
ニアネットシェイプ…………………115
二重結合………………………………193
熱可塑性エポキシ樹脂………………205
熱可塑性樹脂…………………………198
熱硬化性樹脂…………………………198
ネットワーク…………………………199
ネットワークポリマー………………199
ノボラック型……………………211, 215
ノボラック樹脂…………………………79

【は　行】

ハイブリッド成形……………………132
パウダー含浸ヤーン…………………118
バックリング…………………………102
光硬化……………………………199, 209
引きそろえ糸（Uncommingled Yarn, UY）……………………………………91
引抜成形………………………………124
引抜成形法……………………………63
微視的な樹脂流動……………………128
ビスフェノール構造…………………210
フィルムスタッキング法……………116
フェノールコンポジット……………216
不均化反応……………………………193
複素環骨格……………………………209
不斉炭素原子…………………………195
フラットワイズ衝撃…………………53
プリプレグテープ……………………116
フレークライニング…………………208

ブレーディッドヤーン	120	連鎖（重合）反応	192
プレス成形	5	連鎖移動	193
ブロック共重合体	201	連鎖開始	193
ヘテロ原子	203	連鎖成長	193
ボイド	202	連鎖停止	194
ホモポリマー	201	連続成形加工技術	124

【ま 行】

【欧 数】

ポリアミド	197	1液型	212
ポリエステル	197	2液型	212
ホルムアルデヒド	215	2次結合	200
未含侵領域	102	3点曲げ試験	44
未反応モノマー	41	ε-カプロラクタム	30
未反応モノマー残存率	9	C-CFRTP	36
メルトフローレイト	74	C-GFRTP	36

【や 行】

		C-PA6	36
融解熱	39	FRTP	201
遊離基（ラジカル）	193	GMT	3
溶融含浸法	71	HFRP	35

【ら 行】

		I-CFRTP	34
ラジカル架橋型	206	I-GFRTP	33
ラメラ晶	200	I-HFRTP	34
立体異性体	195	I-PA6	32
レゾール型	215	LFT-D	25
連結反応	193, 194	Tダイ	65
		VaRTM	32
		Ziegler-Natta触媒	196

「一般社団法人強化プラスチック協会創立60周年記念出版」

● 編著者紹介

邉 吾一（べん ごいち）
一般社団法人強化プラスチック協会会長
一般社団法人日本複合材料学会元会長
主な書籍：「複合材料活用事典」産業調査会（共編著，2001年）
　　　　　「先進複合材料力学」培風館（共編著，2005年）
　　　　　「新版複合材料・技術総覧」㈱産業技術サービスセンター
　　　　　（共編著，2011年）

連続繊維FRTPの成形法と特性
カーボン、ガラスからナチュラルファイバーまで　　NDC 578.46

2015年3月30日　初版1刷発行　　（定価はカバーに表示してあります）

　　　　Ⓒ編著者　　邉　　吾　一
　　　　　発行者　　井　水　治　博
　　　　　発行所　　日刊工業新聞社

〒103-8548　東京都中央区日本橋小網町14-1
電話　書籍編集部　03（5644）7490
　　　販売・管理部　03（5644）7410
　　　Ｆ Ａ Ｘ　　　03（5644）7400
振替口座　00190-2-186076
Ｕ Ｒ Ｌ　http://pub.nikkan.co.jp/
e-mail　info@media.nikkan.co.jp

　　　　製　　作　　㈱日刊工業出版プロダクション
　　　　印刷・製本　美研プリンティング㈱

落丁・乱丁本はお取り替えいたします。　　2015 Printed in Japan
ISBN 978-4-526-07384-7
本書の無断複写は、著作権法上での例外を除き、禁じられています。

☆★☆ 日刊工業新聞社の好評技術書 ☆★☆

(炭素繊維強化プラスチック) CFRPの切削加工

柳下 福蔵 著
定価（本体2,400円＋税）　ISBN978-4-526-07346-5

CFRPは成形後の部材を接合するために切削加工による穴あけが不可欠であるが，多くの機械加工メーカーにとってCFRPは未体験の被削材である．本書は，CFRPの切削加工の研究に10年以上取り組んできた著者によるCFRPの切削加工の初の技術書．

やさしい産業用繊維の基礎知識

加藤 哲也 著，向山 泰司 監修
定価（本体2,400円＋税）　ISBN978-4-526-06600-9

高性能繊維や炭素繊維，ガラス繊維をはじめとする産業用繊維の理解のためには，一般の化学繊維や天然繊維の特性についての知識が不可欠である．本書は，繊維に関する基礎知識と代表的な産業用繊維の特徴，用途を，豊富な図表写真とともに取り上げる．

自動車軽量化のための接着接合入門

原賀 康介，佐藤 千明 著
定価（本体2,500円＋税）　ISBN978-4-526-07364-9

溶接や締結などと比べてあまり知られていない接着を，より理解し活用してもらうことを主眼に解説．軽量化に貢献する組立方法の中での接着接合法の位置づけを明確にしつつ，接合機能と生産性，コストを並立できる接着剤の活用法と工法をやさしく指南する．